New window 新視野221

20歲，才開始：你要不斷進化，然後驚豔所有人

魏漸 著

高寶書版集團

第一章 升維思考：從根源上解決問題

第二章 深度復盤：成長有捷徑

目錄

Contents

第四章　核心競爭力：成功的關鍵要素

第五章　人生合夥人：成就更好的彼此

目錄

Contents

第一章

升維思考：從根源上解決問題

眼前難題，需要提升一個思考層次來解決

邱先生最近異常「活躍」。以往幾乎不上微信的他，現在整天二十四小時幾乎全泡在群裡了，形跡令人生疑。

我忍不住私訊他，方才得知：他上星期已經提交了辭職報告，原因是老闆不幫他加薪。

「你們程式設計師薪水不是蠻高的嗎？還加？」

「我們公司的薪水太低了！」

「有多低？」

「九千元[1]！」

1　本書所指的皆為人民幣，人民幣兌新台幣約為一比四點三。

「嘖嘖，不是說現在的程式設計師都一萬五起跳嗎？」

「就是！這都不說了，關鍵是我們公司現在找新人都一萬二起跳了，我在這待了三年，還拿著剛到職時的薪水！一分沒漲！」

「這……」

邱先生是我大學校友，機械工程系出身，卻轉行做了程式設計師。入行三年，從打雜到獨立寫程式，如今已經獨立帶團隊做專案了。他帶著一個七人的小團隊，正在開發一款新的手機遊戲。

本來一切進展順利，不料突然被公司新的人事政策刺激到了。公司內部流傳的一種說法是：上市在即，老闆想淘汰一批不思進取的老員工，所以才弄出這麼一招。

邱先生當然不爽啊，他的想法是：雖然自己並非科班出身，但寫起代碼也是一把好手，高薪招募新員工卻不幫老員工調薪，太不公平了！

「估計，這兩天老闆就會找我面談，」邱先生說，「反正，我是想好了，不幫我加或者加不到我想要的程度，我就辭職。以我現在的能力，隨便進一家一線遊戲公司輕而易舉。」

我表示力挺：「嗯，相信你的實力！」

◇◇◇

邱先生的一番話，讓我想起了剛步入職場時的一段經歷。那時，我嫌薪資低，提加薪，老闆不答應，所以我申請了離職。

後來才想明白：其實，老闆是不會輕易答應沒創造任何價值的新員工調薪的，不管你多苦多累，老闆認定一個職位就值那麼多錢，無論你怎麼嚷嚷都沒用。

他才不怕你辭職呢，你不做，讓人事再找一個吧。只要這個職位不涉及核心業務，想要找個替代品還不容易？

許多人常常自以為勞苦功高，事實上在老闆眼裡，你就是一隻不知道在忙什麼的無頭蒼蠅。

我向公司提加薪的時候，剛到職四個月。因為我發現自己面試的時候薪水開太低了，相同職位的同事工作做得一場糊塗，薪資卻比我高，這讓我很不爽。

主管沒有直接拒絕，而是真誠地回應我：「我已經跟上頭說了，但公司規定必須滿半年才可以提加薪的事。」我心想，還有兩個月就符合條件了，於是按捺住內心的不滿，等待著。

按理說，入職七個月的時候已經符合要求了，我一直撐到第八個月，依然沒什麼動靜，很失望。

更糟的是，由於公司業務進展不順，我所負責的業務已經漸漸被邊緣化了。隨著公司轉型，我從核心業務人員突然變成了邊緣人，加薪的希望更加渺茫了。

待滿八個月，我沒再提加薪的事，而是直接提出辭職，當時內心想的是：如果公司重視我的話，自然會調薪；如果公司沒有調，那只能說明我不夠重要。既然我不夠重要，那我還留下來幹嘛呢？

一些人以為自己資歷較深，就該拿高薪。事實上，有的工作你做十年和別人做一年，產出的價值大同小異。在這種情況下，養一個庸庸碌碌的老員工還不如找一個初出茅廬的新人呢！

◇◇◇

為什麼老闆寧願高薪找新人，也不願幫老員工調薪呢？不妨用「老闆思維」換位思考一下。

第一，避免「人事地震」。

誰不想加薪啊？作為一名老員工，毫不誇張地說我每天做夢都在想加薪。

做個不恰當的比喻：公司就像一隻忙碌的老烏鴉，員工好比嗷嗷待哺的小烏鴉，而薪水是老烏鴉叼來的蟲子，加薪即加餐。想像一下：蟲子就那麼一條，但所有嘴巴都在嘎嘎狂叫，這是怎樣的場面？

一家公司，小的有幾十個員工，大的有幾百個、上千個員工，所有人都晝思夜想盼著加薪，僅少數人如願以償，其他人怎麼想？與你領相同薪水的員工樂意嗎？與你能力相當的員工樂意嗎？

幫一個老員工加薪，往往意味著一批老員工都得加薪。畢竟，對一家發展穩健的公司而言，「人事地震」可不是小事。而找一個新人進來，則可以完全避免這種副作用。

第二，啟動「溫水青蛙」。

機器用久了有磨損，工作做久了會倦怠。一個人從新員工變成老員工，經驗值增長的同時也伴隨著新鮮感的喪失。一個很常見的例子就是拖延症，恐怕大多數老員工都或多或少存在。

新員工縱然做事毛躁，但好奇心濃、學習力強、衝勁足。得益於此，新員工的降臨常常具有一定的「侵略性」，這在心理學上叫鯰魚效應：一條鯰魚的存在，往往能發揮刺激一群沙丁魚的效果。

為了不被取代，老員工只能更加勤勉。所以，時不時補充新員工，對一個企業來說至關重要。因為，企業（尤其大公司）流動性過低，管理難免走向僵化。

有的人很不理解：為什麼我辭職的時候，老闆一句挽留的話都沒說？這不明擺著嘛，他已經物色好更棒的人選了。

◊◊◊

所以，別總是抱怨老闆不幫身為老員工的你加薪，真實的情形是——不是老闆炒掉了你，就是你炒掉了自己。

因為，老闆認為需要特別「呵護」的員工，早就升職加薪了；你既沒有加薪也沒有升職，只能說明你沒有超出（甚至沒有達到）老闆的期望值。這個時候，不如閉嘴，兢兢業業學點真本事。

當你的能力能左右公司利潤的時候，老闆就會主動幫你加薪；不幫你加薪，那是老闆眼拙，這時，該跳槽就果斷跳槽，但這可能性極小。若真如此，這家公司離倒閉也不遠了。

作為一名職場中人，你的薪資從幾千漲到一萬，從一萬漲到一萬五，從一萬五漲到兩萬，每上一個層次都是一個坎，達到兩萬以後再想突破，就存在天花板了。

你若真有商業野心，就該去想如何將自己打造成一名卓越的管理者；抓住一切機會學習，讓自己出類拔萃，成為公司的中流砥柱；用心發掘每一個潛在的商機，時刻準備捲起袖子大幹一場。

當你把自己打造成一個擁有核心競爭力的人，升職加薪就是水到渠成的事。那時候，你大可以炒掉老闆自立門戶，讓別人替你工作多好！

其實，職場的新陳代謝是這樣的：公司寧願用更高的薪水招募技術更強、經驗更豐富、學歷更高、證書更漂亮、更願意加班且更聽話的新員工，來頂替那些遊手好閒、廢話連篇、陽奉陰違、知識陳舊、不服管理的老油條。而老油條是不可能輕易獲得加薪機會的，更不會得到重用，等待他們的不是自己走人，就是被迫走人。

永遠不要打探別人的工資

幾個十分要好的同事吃完飯聊天，本來很開心，突然有人問：

「哎，你薪水多少？」

「呃……一萬四……」被問的人顯得有些拘謹，儘管不太願意聊這個話題，但見對方是新人，一臉真誠的樣子，半推半就還是說了。

同事們都很吃驚，隨即談起彼此及熟識的人的工作情況，諸如福利怎麼樣，年終獎金怎麼樣，未來前景怎麼樣……兜了一圈，發現自己公司任何一項都不如別人公司，總而言之：我們公司最爛。

而後各自陷入沉默。

◇◇◇

剛畢業那年，我也對別人的薪資充滿好奇，最主要的原因是自己薪資太低，每個月除了房租與飯錢就所剩無幾了，買任何東西都會不由自主地考慮一個問題：這個月的錢夠不夠用？

與此同時，基本上每天都要加班到晚上七、八點，再坐公車回家，鑽進樓下的速食店吃個飯，吃完就十點半了，連看電影都提不起興趣，倒頭就睡。

同部門的老員工常對我呼來喚去，一些無主的任務被分配到我身上。那時，我覺得我是這個部門最忙的人，強烈地覺得自己的付出與回報不成比例。

每次慌慌張張地進出辦公室，都能看見那些悠悠哉哉泡花茶的，嚼著口香糖整理桌面的，高翹二郎腿叼著菸玩滑鼠的……心中升起一股莫名的怒氣。

◇◇◇

有天中午吃飯，我有意無意地問了一位同事關於薪資的事。這個男孩比我早來兩個月，儘管不是同組的，但因為我們都喜歡打球，所以工作之餘接觸得較為頻繁。

問薪資的結果自然讓我很不開心。

不僅是因為他薪資比我高，問題的關鍵在於他比我還低一屆，只是個實習生，進而我認為公司在待遇上是不公平的。你要說他做的事情比我的重要，或者他的才能完全在我之上的話，我心服口服，但好像也沒有啊。從我和他接觸的工作上看，他所做的事情我也一樣能做。

不過，我從未在公開場合表露過我的不滿。

其實，那時的我喜歡刷QQ空間，傍晚的紅色夕陽，清晨的綠色行道樹，一有什麼雞毛蒜皮的事情都要在QQ空間裡感慨一下。但關於工作的事情，我絕口不提。偶爾提到，也僅僅是表達一下今天很累，鼓勵自己堅持，云云。

後來，我認真地分析了一下：自己做的事情雖然很多、很雜，但確實不夠重要。公司為什麼要在不重要的職位上耗費更多的人力成本呢？一想到這，我也就不那麼憤怒了。

我依然每天按時上班下班，極少遲到，盡最大的努力完成手頭的每一項任務。基本上每個月都能拿到一百元的全勤獎，甚至還有一次被提名優秀員工，雖然最後沒能入選，卻也讓我高興了一陣子。

起碼，我的努力有人看到了。

◇◇◇

在我轉正後的第二個月，月中發薪的時候，我發現卡上竟然多了一千元。一千元，至少房租問題解決了，心裡的高興自不必說。

第一次看到卡裡莫名其妙多了一千元，我當時懷疑是不是會計部的同事搞錯了，但接下來的每個月也是按這個標準發的，才知道是調薪了。

這就更加印證了我之前的想法是對的：要想拿更高的薪水，那就讓自己成為更重要的人，去做更重要的事。

但後來的經歷並未如我所願。因為，在一個體系龐大的公司裡，一旦你被固定在某個職位上，那麼你所接觸到的大多數事情都是和職位相關的，尤其是輔助性職位，它或許不可或缺，卻永遠不可能占據主導位置。

因而，在「做更重要的事」的路上，我受挫了。一年之後，我選擇了離開。

◇◇◇

當我立志成為一個「更重要的人」以後，我就不那麼在意薪資上幾百元的差距了。

我知道自己還有很多需要提升的地方，我的工作又恰好能夠補足我的短處，同時不至於讓我過於窘迫，還有什麼好抱怨的呢？

關鍵是我知道抱怨沒有用，所以也就不徒增煩惱了。因為你不重要，所以你說的話也不重要。

我曾接觸過一位創業者，當年剛開始的時候，他四處找投資都遭冷眼，申請一個政府補助專案被拒絕，後來死撐硬扛堅持了下來。如今投資人反而追著給他錢，上個月政府相關部門主動找上門，提供五百萬元補助金，一時間，他的專案成了該市主力扶持的優秀創業典範。

世事就是這樣，你想要的，軟磨硬泡求而不得；你不需要的，反而有人生拉硬扯強塞給你。一方面，確實是因為你變得更重要了，另一方面，其實是因為你有了更大的價值。

◇◇◇

我並不是慫恿你用理想痲痺自己，說錢不重要、薪資不重要。

你這麼辛苦地工作，不就是為了薪水、為了酬勞嗎？我們都需要用錢養活自己，但是在人生的很長一段時間裡，你必須承認你並不具備讓自己活得逍遙自在、揮金如土的能力。

有人薪資比你高，那是因為學歷比你好；有人薪資比你高，那是因為有技術、有本事；有人薪資比你高，那是因為做事可靠……你有什麼？你只會對著電腦刷微博，刷完微博打開手機刷微信朋友圈，刷完朋友圈去茶水間拿點下午茶，吃飽了發現微信群裡老闆交代了一個任務，趕緊回個「好的」，磨磨蹭蹭處理完又無所事事了……

就這樣，每份工作都做個一年半載就換，做的事情都差不多，牢騷從來沒斷過。

你抱怨生活不如意的同時卻沒付諸行動去改變，你想獲得更多的優待和報償，但又憑什麼？

◇◇◇

一位前輩告訴我說，在他工作的六年中，從來沒向老闆提過加薪的事，但在整個部門裡，就他調薪調得最快。每次都是老闆主動找他面談，要幫他調薪。第七年的時候，他毅然決定辭職創業，老闆極力挽留，開出薪資翻倍的條件，他還是辭職了。因為他覺得自己可以不用靠工作維持生活了，他要讓別人為他工作。

從薪水的角度講，他一直是同齡人中的翹楚，但他從不在朋友間談論薪資的事。他說：「為什麼要去談這個傷人的話題呢？他薪資比你高，你不開心；你薪資比他高，他不開心。你不開心了，他也無法開心；他不開心了，你也無法開心。大家都不提，皆大歡喜，不好嗎？」

想想也是，別人的薪資多少，你知道了又怎樣？老闆又不會根據別人的薪資來決定你的薪資。需要根據別人的情況來決定的是最低薪資標準。畢竟，一個公司是根據職位來決定薪水的，如果覺得薪資低，那就選一個薪水更高的職位。

如果沒有更好的職位，那是不是應該讓自己再深造一下？就是買本書先充充電，也不錯啊。相信到一定火候，你一定能夠勝任薪水更豐厚的職位。但在此之前，是不是要把手頭的工作先做好呢？

畢竟，抱怨沒用，知道了別人的薪資也於事無補。

如果你真的做得很好，薪資卻不見漲，那麼你盡可以離開這家公司，因為這不是你的問題，是公司的問題。如果你做得確實很爛，薪資也不見漲，那麼沒被開除就是你的幸運，因為這不是公司的問題，而是你的問題。

當你修練成「佛」了，你不滿足於自己的「小廟」，那就去「大廟」。眼力好的住持一定會給你一個更尊貴的位置的。而當你只是一個小和尚，還是省省吧，練功才是現在的你最該做的。

如何從一份價值不高的工作中逆襲

對年輕人而言，一份價值不高的工作的首要特徵就是：以浪費生命為代價換取報酬。工作就是消磨時間，消磨時間就是工作，世界上再沒有比這更可怕的事情了。

我的一位青梅竹馬，國中沒畢業就去某工廠裡做倉管，他的工作就是天天玩手機，手機玩累了就看看監視畫面，伸個懶腰又繼續玩手機……正常情況下，如果不到六十歲以後，我是絕不會接受這樣的工作的。或者哪怕是六十歲以後，我也不會輕易接受這樣的工作，多無聊啊！

然而，他一做就是七年。

七年中，他從一名倉管小白變成一名資深倉管，倒也沒失業，卻把租用倉庫的創業公司熬倒了五家，唯一比較穩定的是，他的薪資依然是兩千兩百元。

你說，當一個人活到全身上下所有的籌碼只剩下時間的時候，生活還有什麼意思呢？

倒不是說出賣時間有多可恥。初入職場的人誰不是在出賣自己的時間呢？但是別人出賣時間是為了累積經驗，而他出賣時間僅僅只是出賣時間，意義大不相同。

一家公司的老闆僱用你，也就意味著買斷了你的一天八小時。在這個時段以內，不管訴諸體力還是腦力，你所創造的一切價值皆屬於公司——這對老闆來說，是可以量化的。

但對你而言，除了定時定量的月薪相對確定，一份工作真正帶給你的價值到底有多少呢？那些令你引以為傲的資源、機會……你真的抓到手了嗎？

對那些不思進取的人而言，恐怕是可望而不可即的。譬如資源，若非有平臺這棵大樹，還有多少公司願意為你提供扶持？譬如朋友圈，你加了那麼多同事、客戶、合作夥伴為好友，又有多少人願意幫你？

真實的情形是，在北上廣深[2]打拚十年八年依然買不起一個廁所面積的大有人

2 北京、上海、廣州、深圳。

在，你會天真地以為這只是薪水的差距？

◊ ◊ ◊

那麼，一份價值不高的工作能為你帶來什麼呢？

第一，成長損耗。

一個人最寶貴的是青春，而在職場中，最廉價的卻也是青春。初入職場，有多少人能立刻拿到高薪呢？你用最寶貴的時間，去做最雞肋的工作，收穫最微薄的薪水，這還不夠「血腥」嗎？

但你還是接受了，並且日日安慰自己：「錢不是最重要的，現階段最重要的是學東西。」那麼，問題就在這，捫心自問：畢業這幾年，你到底學到了多少東西？

如果沒學到多少東西，那麼這意味著你白白浪費了一段自我成長的時間。

要知道，在這段時間內，你的同齡人很可能正以百米衝刺的速度將你甩開，未來幾年，你可能花數倍的時間和精力，也不一定趕得上他們。

認真地說，當你發現身邊所有人都發展得比你好的時候，你心裡不會太好受的。

第二，心靈損耗。

瑣碎的工作已經夠令人噁心的了，時不時你還得受一受客戶的氣，背一背上司的鍋，忍一忍同事的怨……心情恐怕好不到哪裡去吧？

我的一位設計師朋友曾抱怨道：「工作本身倒不辛苦，就是受不了『一改二調三重做，最終還用第一版』的折磨，這樣太心累。」老實說，換我我也受不了。

寫稿的人特別討厭改稿，尤其討厭外行人的指指點點，有時真心覺得提意見的人腦子進水了：「得有多弱智，才會提出這樣的修改意見啊？」但你還是只能照做。

只要你稍微一解釋，就會被解讀為「不懂事」、「太年輕」、「不知變通」……長期處於這樣的狀態下，是個正常人都會憋出毛病的。

第三，健康損耗。

世界上有很多高危險職業，正因如此，高危險職業的薪資會比較高，比如有「城市蜘蛛人」之稱的空中清潔工，據說月入破萬。

然而，另一些高危險職業的薪資卻一般，比如採煤工人，時刻把命繫在腰帶上。你知道每年有不少人死於礦難，對吧？事實上，死於塵肺病的採煤工人比死於礦難的還要多。

但一個沒文化、沒資歷、沒資源的年輕人，想要養家活口，想要跳脫自己的階層，還有更好的選擇嗎？

第四，意志損耗。

一份價值不高的工作是會把一個人拖入無可救藥的泥淖的。

所有事情都不是一蹴而就，而是「溫水煮青蛙」。當你喪失學習的動力，深陷於無窮無盡的重複勞動，從月初到月底都在等發薪，那麼此時此刻，作為一名雇員，你的職業生涯很可能已經到天花板了。

有人留言給我：「我脾氣不好，能力不行，才華不夠，也沒什麼特長，該怎麼辦？」我也不知道怎麼辦。一個對自己的毛病瞭若指掌的人，會不知道怎麼辦嗎？

對於缺乏自制力的人，給再多建議也是枉然。

一份成就感不高的工作意味著，你得花更多的時間和精力來對抗無聊，對抗無用功，對抗內心的抵觸。

當花在對抗上的時間比花在做事上的時間還多的時候，那就值得注意了，或許你正一步一步滑下深淵。

◇◇◇

三十歲以前，換工作僅僅是換工作而已；三十歲以後，換工作就是換事業，而換事業可沒那麼容易了。對某些人而言，一旦跨過三十歲這個坎，可能找工作都成問題。不信你去求職網站看看，是不是很多職位都明確地寫著「年齡限三十歲以下」？

活到三十歲，晉升快的人早已是總監、副總了，一把年紀的你，好意思去跟一堆「95後」、「00後」爭一個專員？那得需要多大的勇氣？

◇◇◇

我說過：一個人的成功，不是隨便走幾步就抵達的，同樣一個人的困境，也不是捲捲袖子就能逆轉的。

有些事，十年前動手的時候你就該想到後果；有些路，十年前踏上的時候你就該料到盡頭；而有些工作，十年前入行的時候你就應望見前景。

當你深陷泥淖才開始驚慌，不客氣地說，已經太晚了。

別人用十年的時間上坡，你用十年的時間下坡，此時要從人生的低谷中走出來，不花個三五年，可能嗎？

曾在某網站瞥見一則留言，說：「哭著吃過飯的人，是能夠走下去的。」這句話令人眼前一亮。沒帶傘的孩子們，生活不都是這樣的嗎？誰沒有在深夜裡痛哭過？誰沒有被雨水打濕過？

對於發展得不好的「92前中老年朋友」，邊哭邊吃邊走也不失為一個好辦法，而對於前途無量的「92後年輕人」，只想提醒你們：千萬別讓自己淪為一個行走的酒囊飯袋。

苦難不是財富，對苦難的反思才是

一九九九年，高二就輟學的田豐在打工兩年後南下闖蕩，剛從廣州火車站下車便遭遇扒手，行李被偷，全身上下僅剩一百元。此前，田豐本打算去珠海的，但無奈車費不夠，轉而奔赴深圳。

一九九九年的深圳，沒資金、沒技術、沒學歷的人，找工作是很難的，而田豐又不願進工廠，想來想去，唯有賣保險一條路可行。頻繁奔走於人才市場多日，田豐終於找到了一份賣保險的工作，面試也通過了，卻遇到了政策上的障礙。

據說，那時候從事保險業需要有深圳戶口擔保，而田豐人生地不熟，找不到擔保人。無奈之下，田豐去求助巡警。好心的巡警有感於田豐的誠懇和老實，決定做他的擔保人，但巡警的戶口是集體戶口，單位不予蓋章。

輾轉多日，田豐依然沒有找齊兩位擔保人，但他真的很想去賣保險。原因很複雜，除了上面說的「不得已」之外，還有一些別的原因：田豐幼年喪父，母親改嫁，童年過得痛苦而艱辛。當他在報紙上看到有位孩子的父親意外身亡，因為其父生前買了保險，孩子才沒有輟學，田豐在內心裡已經對保險業產生了嚮往。

但沒有擔保人，田豐就進不了這個行業。正當他為此一籌莫展的時候，田豐接到了面試他的經理的電話。了解田豐的處境之後，經理決定為他做擔保。

故事遠遠沒有結束。雖然有了從業資格，但出不了單卻是個大問題。因為，賣保險是靠抽成吃飯的，有四個月的時間，田豐一份保險也沒賣出去。沒錢坐車，他每天跑步去上班；沒錢吃飯，他每天晚上去玻璃廠擦瓶子賺點外快……

這樣的生活持續了三年之久。

某一天，經理把田豐叫到跟前，意味深長地對他說：「田豐，不是每個人都適合賣保險，你把賣保險的這份精神用到其他任何一件事上，都能闖出一番事業。」田豐馬上就明白了經理的意圖，縱然不捨，還是選擇了離職。

「也許經理說得對，自己並不適合賣保險。」田豐想。

賣了三年保險一無所成，田豐聽從朋友的建議進入了廣告公司。

廣告業的艱辛也不比賣保險少，但田豐在廣告圈打滾十餘年後，跳出來自己開了公司，實現了真正的財務自由。如今，田豐已經是二度創業，欲從互聯網領域殺出一條血路。

這個世界就是這樣，它永遠不會在意你過去有多艱辛，也不會在意你曾經有多努力。正相反地，艱辛是你必須承受的代價，努力是你務必擁有的態度。要想出人頭地，你就得學會對生活冷漠一點，對自己狠心一點。

當你對生活的風刀霜劍習以為常的時候，也許就是化腐朽為神奇的時候。

◇◇◇

相比之下，孟天的遭遇更令人咋舌。

二〇〇五年，十八歲的湖南小夥子孟天一個人到江浙一帶闖蕩，經由親戚引領踏進了貨運行業。從機車送貨開始，奮鬥三年後，孟天創辦了自己的貨運公司。

孟天善於與人打交道，屬於那種天生的生意高手。在整個行業都在爭相削價、惡意競爭的時候，孟天聯合十幾家同業公司進行了重組，以協議的形式集體鎖定價格，保證了利潤空間，迅速成為江浙地區的翹楚。

這一舉動讓孟天在貨運行業混得風生水起，也讓他和當地企業結下了難以化解的仇怨。突然有一天，一批不速之客提著砍刀上門，要孟天關閉貨運公司，離開所在城市。年輕氣盛的孟天死活不願意，於是雙方發生激烈的爭鬥。孟天雙手致殘，奄奄一息，許多員工都被打成了重傷，公司財產也被洗劫一空。

孟天眼睜睜看著自己一手創辦的公司灰飛煙滅。此後兩年，孟天跌進了命運的深淵，一度患上了憂鬱症，好幾次想自殺，但手連刀都握不住……

兩年後，孟天逐漸從絕望中走了出來，想做點事，但不知道做什麼，關鍵是雙手均已殘廢。

孟天決定南下。

起初，依靠朋友的接濟，孟天在深圳某鬧區賣起了麻辣燙，但生意不慍不火，最終放棄。接著，孟天又做了很多生意，山寨機興起的時候，孟天把賺到的錢都投進了手機業務，結果賠得血本無歸。直到後來進入了服裝行業，才終於東山再起。

從常人的眼光看，孟天也算小有所成了吧，但他如今已經在新的領域開始了第二次創業……

當我聽到孟天的故事時，內心震驚又讚嘆，簡直不能更勵志了。這就是真真切切的小人物成長之路：**你所羨慕的光鮮亮麗，背後都暗藏嘔心瀝血。**

◇◇◇

踏進創投圈這一年，我前前後後接觸過近百位創業者和幾十位投資人，其中，不乏卓越者和聰明人。作為一位遊走在創業圈的邊緣人，我有幸聽到了許許多多不一樣的人生故事。

在「萬眾創業，大眾創新」的浪潮裡，不計其數的大魚小魚騰起又墜落，也有的被風浪拍死在沙灘上，競爭激烈又殘酷。

龍應台曾說：「一滴水，怎麼會知道洪流的方向呢？」個人的奮鬥，一旦被放進時代的大潮裡去考量，總有種「肉包子打狗，有去無回」的錯覺。

成功與失敗，都像是被預設好的某種模式，我們總是以為自己很努力，在自己感動自己的狀態裡越陷越深。殊不知，掙扎的結局還是掙扎，痛苦的盡頭還是痛苦。欲求超脫的人，總得不到超脫；欲求幸福的人，總得不到幸福。正因為如此，生活每一次偶然的寬恕都顯得彌足珍貴。

這不是悲觀。我總覺得，入世之後才有資格談出世，親歷苦難才有資格談樂觀，直面負能量才有資格談正能量。否則，一直隔紗看人、隔窗窺影，就永遠看不到世界的本質。

◇◇◇

最近我心裡突然生出一個問題：人生中最艱難的時刻是什麼時候？我思考了很久。

聽說，自然分娩的疼痛級別高達十二級，那麼對女性而言，分娩會不會就是人生中最艱難的時刻？又聽說，千萬富翁傾家蕩產、一夜白頭，那麼對男性而言，事業受挫會不會就是人生中最艱難的時刻？

我不知道，但我確信，自己人生中最艱難的時刻還沒到來。

寫到這裡，我突然想起國中老師在課堂上背誦奧斯特洛夫斯基那段名言時搖頭晃腦的樣子：「人生最寶貴的是生命，這生命屬於每個人只有一次。人的一生應當這樣度過：當他回憶往事的時候，不因虛度年華而悔恨，也不因碌碌無為而羞恥。」

在行將就木之前，一個人怎麼知道自己最艱難的時刻是什麼時候呢？或許當我走到那個節點的時候才會明白，或許人的一生並沒有什麼所謂的艱難與輕鬆。唯一可以肯定的是，人的一生，每一個時刻都很珍貴。如同每一件大事都是歷史長河中的一朵水花，每一個艱難的時刻也不過是漫漫人生路上的一朵浮雲。

譬如現在的你，執迷於工作、愛情、事業，執迷於一切無法掌控的可能性……所有的這一切對於當下的你都很重要。但是，當時間流逝、塵埃落定，當你直面生死的時候，這些東西又有多重要？

◇◇◇

想起不久前的某個週末，我和朋友到外面吃飯，當我們走在燈紅酒綠的大街上，朋友感慨說：「為什麼這個城市裡有些人賺錢如此容易，我們賺錢就那麼難呢？！」

說實話，要是放在幾年前，我也十分感同身受，但見了太多普通人逆襲的艱辛之後，我沒有輕易附和他。我對他說：「每一個看似賺錢很容易的人，都經歷過篳路藍縷的階段。」

為什麼那麼多人賺錢比你容易？因為他們比你能幹、比你聰明，最關鍵的一點，在你看到他們光鮮亮麗的生活時，他們已經嘔心瀝血奮鬥了幾年、十幾年、幾十年了。

我們年輕人還是太急功近利了。其實，在二三十歲這個年齡層，絕大多數人都會面臨相似的困惑，誰也不知道翱翔蒼穹的機會什麼時候到來，窮困潦倒的日子還要持續多久，但要我說，自始至終挺住，你的春天就不會遠了。

當你把所有的困難都當作生活對你的磨練，你就會越來越鋒利；當你把所有的困難都當作生活對你的折磨，你只會越來越虛弱。你說，哪一種姿態更接近你所渴望的成功呢？

古人說：艱難困苦，玉汝於成。意思是：欲成大器，必須經過艱難困苦的磨練。你遠遠未到人生中最艱難的時刻，你也遠遠未到瓜熟蒂落的時刻。

作為一朵花，在結果之前，最好的姿態就是盛開；作為一個人，一個年輕人，在成功之前，最好的姿態就是努力——哪怕努力換不來成功，也請堅持努力這種狀態。

晉升還是跳槽

在一家不大不小的公司，做著可有可無的工作，也許這就是你目前的狀態。食之無味，棄之可惜，這種感覺我懂。心裡已經掙扎了無數次：要不要辭職呢？要不要辭職呢？……

「你說，我到底要不要辭職？」心裡掙扎了半個月後，小林悻悻地問我。他跟我說了自己在公司的種種「遭遇」：奇葩的領導、奇葩的同事、奇葩的制度、奇葩的業務……就差公司沒取名「奇葩文化有限公司」了。我嘆了口氣，也不知道說什麼。

這已經不是小林第一次跟我發牢騷了，恍然間我又看到了自己過去的影子。

記得我第一次辭職的時候是剛出差回來，差旅費報銷流程都沒有走完，因為出差的花費是我自己墊付的。出差五天，我覺得自己已經很努力地去完成上級交給我的任務了，但並沒有得到認可，反而在開會的時候被臭罵了一頓。

一怒之下，我當天上午就提交了辭職申請。

「報帳的錢我不要了！」一種憤怒的情緒將我累積四個月的不滿全都發洩了出來，當天下午我就收拾好東西，「大義凜然」地離開了公司。

那是我畢業後的第一份工作。我強烈地認為公司的總經理不行，我無數次聽到身邊的同事抱怨總經理太難相處，人品有問題，云云。這些儼然就是我辭職的最好理由。

想不到意氣風發的我，在初次跨進職場就遭遇了霜侵。但我的直屬上司對我真的很好，跟著他我確實學到了很多東西。但從整體來看，繁重的工作、惡劣的老闆、長時間的熬夜，讓我感到前途渺茫。那時，與我同期的十幾位員工都快走光了，包括我在內僅剩兩個。

那是一家製造業龍頭企業的分公司，雖然薪資不高，但包住宿，有餐費，關鍵是離家近。看在離家近這一點，我爸媽堅決反對我辭職。

但最終我還是頂住家人的壓力，毅然決然地辭職了。那時我相信自己可以找到更好的工作，做更有存在感的事情，追逐更有價值的人生。我天不怕地不怕，我還年輕，我有試錯的本錢，一種愚蠢的自負統治了我的內心。

但具體要幹嘛、能幹嘛，我心裡並不清楚。

◇◇◇

在我對自己的定位絲毫不清晰以及頭腦發熱的狀態下，我的朋友肖元慫恿我去北京。

肖元說：「你來北京發展吧，我們公司正在找人，憑我對你的了解，我相信你一定能勝任這份工作的。」他知道我喜歡文字，但喜歡文字和做文字工作是兩碼子事。

當我交了辭職報告之後，第一時間發了一則訊息給肖元：「我辭職了。」他說：「趕緊過來吧，我幫你訂機票，公司可以報帳。」我一聽，心裡蠻高興的，但我告訴他，我想休息一陣子，過幾天再啟程，最後我們達成一致：我十一月七日飛往北京。

那是我第二次去北京。時值冬季，萬物蕭條，寒風刺骨，霧霾氤氳，所有的一切，和一年前的時候迥然相異。只有一點是相同的：我對這個城市沒有好感，或許這也注定了我在北京待不了多久吧。

這家公司包吃住，早上提前五分鐘起床仍綽綽有餘：兩分鐘洗漱，三分鐘步行到公司打卡。中午會有餐廳把便當送到公司，下班後我和肖元則一起四處遊蕩，品嘗北京的各種美食，吃完再悠閒地晃回宿舍。

所謂的宿舍，不過是公司租的一間幾坪大的倉庫改裝房，白天進去黑漆漆的，像是在隧道裡穿行。北京的冬天是有暖氣的，因為沒有通風口，所以室內溫度往往比夏天還高。我第一次體會到，原來冬天可以這麼熱。由於我睡在上鋪，正上方就是暖氣出風口，整晚我都要忍受著熱浪的炙烤。

因為需要我做的工作要求太高，作為一個剛畢業四個月又沒有受過專業訓練的新手，壓力很大。我很迷茫，從躍躍欲試變成了苦苦掙扎；從滿腔熱血變成了僵持不下、進退兩難。最後我辭職了，只拿到了二十天薪資的80%，連來回交通費都不夠，倒是自己帶來的錢花得一乾二淨，真是賠了夫人又折兵。

應該說，這件事對當時的我刺激是很大的，那時離過年還有一個多月，直接回家太丟臉了，我決定先避一避風頭再回去。這麼想著，半個月時間，我在北京城走了許多地方，也不算白來一趟。

◇ ◇ ◇

第三次辭職是在深圳待了一年之後，那時肖元邀請我加入他們的創業團隊。從三月開始催我，一直催到第二年的四月，我終於還是辭職了。

剛開始我是拒絕的，因為剛來深圳我就喜歡上了這座城市，單純地想在這裡待一段時間，好好沉澱、磨練一下。

我再也不想經歷從前那種遭遇了，我覺得自己剛剛適應了這個行業、這個職位，以及這裡的人。因而儘管肖元前前後後打了十幾通電話給我，我都沒有動搖。

但你知道，在一個規模越來越大的公司裡，職位的劃分、職能的安排是精細化的。幾個月後，我就開始感到厭倦，每天重複來重複去都做那些事，和搬磚沒什麼差別，只不過是換了個環境在互聯網公司搬磚而已。我經常懷疑自己的價值，對自己前途的擔憂再次湧上心頭，不過，這一次我動作沒那麼快。

我是一個執拗的人，很早就決定了要在這家公司至少待一年，不到一年我不走，除非被炒。頻繁換公司對我的傷害已經不只一次了，我決定沉下心，放下所有的顧慮，專心致志做好力所能及的事。

事實證明，那一年我收穫滿滿。我不光做成了好幾件從前根本不可能完成的事，還結識了不少優秀的夥伴。儘管沒有存到多少錢，但這些收穫已經讓我感到欣慰。

後來，我覺得可以嘗試換一種生活方式了。畢竟，在一個邊緣性職位上，想出頭並不容易。雖然我喜歡這個行業，但我希望做更重要的工作，離職的想法再次浮現。

辭職的那天，是我年後剛返回公司的第二天。第一天我掙扎了好久還是忍住了，畢竟開工第一天辭職好像真的不太好，但是在第二天我還是義無反顧地提交了辭職申請。先是人事經理面談，後是直屬上司面談，好說歹說，我都一副「壯士一去不復返」的心態。

一個月之後，流程全部走完，正式離開。

那是我來深圳後第一份工作，雖然不那麼重要，卻是我步入職場後真正意義上的一份工作，我對它投入了許多的感情和精力，雖然距離我理想中的結果還很遠，卻也無怨無悔。

◇ ◇ ◇

小林不只一次向我提起辭職的想法，從他辭去上一份工作到兩個月之後再次產生離職的念頭，我的建議都是一致的。

「不要辭了，安安心心學點東西。」我說，「你剛畢業幾個月，就換了這麼多次工作，你收穫了什麼呢？無論哪一家公司都大同小異，你以為換一家公司就會時來運轉嗎？沒那麼簡單。」

這是我經歷了許許多多變故之後才明白的：如果你只是一塊石頭，那麼即使搬到御花園裡也只是石頭，你並不會因為環境的改變而發生質的變化。此時你真正需要的不是跳來跳去，而是冶煉、鍛打、淬火、提純……去除身上的雜質，讓自己變得更優秀、更專業、更有內涵，這是一個艱難的過程，但一定是增值的過程。

你不想做現在的工作，那你好好想想你能做什麼工作？如果你有能耐，換工作也沒什麼大不了。但如果換了一個和現在差不多的公司，依然做著可有可無的事情，那換和不換有什麼差別呢？你換來換去，最後哪一個職位都沒有做熟，哪一個專業都沒有做精，何必呢？

我的態度是，既然要跳，那就跳得高一點；如果不是跨越式提升，還不如不跳。

你說，只有試了才知道合不合適，但哪來那麼多機會給你試呢？你已經是奔三的人了，怎麼好意思說你還年輕，還有機會重頭再來？沒錯，你比六十歲的老人年輕，但六十歲以前，留給你瞎耗的時間還有多少？

三千元和三千五百元的薪資有區別嗎？五千八百元和六千一百元的薪資有區別嗎？你說有也無可厚非，但這幾百塊錢恐怕還不夠抵消你找新工作的成本吧。

你說，你想換工作不是因為錢，是因為上司不好相處，這確實是個蠻棘手的問題。不過，為什麼別人能夠相安無事，你偏偏忍受不了呢？

如果你覺得上司無法相處，那我就想問：當初你為什麼要選擇留下來？看人何嘗不是一種能力？與上司相處又何嘗不是一種能力？你確定真的只是上司的問題？

總而言之，**無論辭職與否，在下定決心之前，務必對自己進行重新認識，暫且不管你想做什麼，先考慮一個問題：自己究竟能做什麼？**

◇◇◇

其實很多人對自己的定位是非常不清晰的，既不知道自己想做什麼，也不知道自己能做什麼。對於這樣的人，我覺得你辭與不辭，結果都不會好到哪去。或許你換了份工作，薪資增加了一兩千，但你的職業天花板也顯而易見。

你有多大的能量，就會發出多大的光芒；你能發出多大的光芒，就能照亮多大的天地。光芒無邊，天地無限，除了最大限度地集聚能量，恐怕沒有更好的辦法了。

當你真正沉下心來，會發現值得你鑽研的東西是很多的。這個世界不怕沒有能力的人，就怕沒有能力還想索取更多的人。事實上，當你能夠做出更大貢獻的時候，你收穫的回報也不會太少。

有位朋友對我說，他的老闆曾對他說過一句話：做事情要做到「讓老闆覺得欠你」為止，而不是「你覺得老闆欠你」。他又表示，那時的他並不明白這句話的深意，甚至是抵觸的，但工作了若干年之後，他明白了，此時他已經是某公司的市場總監了。

這句話是什麼意思呢？

簡單來說就是：付出在先，索取在後。與此同時，你必須接納一個事實：回報永遠低於付出，不會等於，更不可能大於。無論是心理上，還是事實上，付出與報酬從來都是不成正比的，這是剩餘價值存在的基礎。

但你完全不必因此而吝嗇自己的付出。因為你的工作不僅讓你收穫了薪水，更重要的是，它讓你收穫了謀生的本領——或許是你安身立命的技術，或為人處世的能力，再或是獨一無二的資源等等。這是一種難以用金錢來衡量的回報，很可能在你未來的人生中會持續為你帶來收入。

比起這些，眼前的那一點點薪資，又算得了什麼呢？

你就是自己的「金飯碗」

我爸媽曾熱切期盼我成為一名老師。因為，在他們眼裡，教師這份職業是「鐵飯碗」。

然而，作為一名英語系的畢業生，工作這幾年，我從未做過和英語有關的工作。第一份工作，我通過了某國內五百強企業的校園徵才，這是我人生中第一份工作，職位是市場專員。老實說，那時的我連市場專員要做什麼都不知道，只是單純地想做一份「外向型」的工作來重塑自己。

在大多數人看來，畢業就放棄本科相關的工作，是一個十分冒險的決定。當時的我心裡自然清楚，但我沒有更好的選擇了。

我不可能去做一名老師，因為我不想過每天都重複的生活。

上高中的時候，一位老師對我們說：「教師是這樣一份職業：站在三尺講臺上，就可以看到自己二十年後的樣子。」從那時起，我就斷了當老師的念頭。

不過，我的同學們大多還是去當了老師，這基本上是英語系的學生最穩定的就業方向了。除此之外，還有去做外貿的，有去做翻譯的，還有考研究所的……

不過，這些都不是我的出路。

◇◇◇

起初，我曾先後換了好幾份工作，但薪水都趕不上那些從事本科相關工作的同學，與此同時，我也常常陷入糾結：我學了四年的英語，最後卻夾著尾巴選擇了逃離，到底對不對？

夜深人靜的時候，我反問自己：即使我做了符合本科相關的工作（比如老師），我又能怎樣呢？我會發展得更好嗎？我會開心地工作嗎？我永遠不用換工作了？……

糾結來糾結去，我始終無法給自己一個堅定的答案。「那就一條路走到底吧。」我對自己說。

工作三四年之後，我身邊的同學、朋友都不同程度地陷入了焦慮之中。每逢聚餐，大家討論最多的話題就是職業生涯轉型。

做老師的同學嘮叨薪資低，做外貿的同學抱怨熬夜累，做翻譯的同學痛訴加班苦……總之，各有各的煩惱。

有的人已經換了幾次同類型的工作，有的人已經逃離了本科，還有的人重拾書本回去唸研究所，就連那些留洋深造過的海歸同學，也無可倖免地遭遇了轉型困惑：「我還要在這個行業待下去嗎？」、「如果離開這個行業，我還能做什麼？」、「北上廣房價太高，小縣城薪資太低，我該何去何從？」、「我早就想辭職了，只是擔心找不到薪水更高的工作。」……

◇◇◇

某次聚餐，一位朋友對我說：「我還是羨慕你啊，一直做自己喜歡的事，上班有薪水，下班有外快，真瀟灑！」

我苦笑了一下：「得了吧，我都快吃不飽了。工作做了四年沒存到什麼錢，公眾號寫了兩年沒圈到幾個粉，全憑一口老血死撐啊！」唯一值得一提的是，我不太擔心下一份工作的著落。

我從來不把工作當成我的救命稻草，更不對它寄予薪水和能力之外的過多期望。從某種意義上說，在我眼裡，能力比薪水重要一百倍。而工作，充其量就是一塊跳板。上班，與其說為了賺錢，還不如說是對自己的投資。

過去兩年，我將大把的精力投入在「經營」自己上：看書、學習、做公眾號……如你所見，我之所以能零零散散賺一些廣告費，都是我勤勤懇懇付出換來的結果。其中的艱辛若非親歷，又有多少人能體會呢？

前面有篇題為〈苦難不是財富，對苦難的反思才是〉的文章，我想表達的意思是：人生是需要經營的。**你無須羨慕任何人，沒有莫名其妙的飛黃騰達，亦沒有無緣無故的萬劫不復**。

◇◇◇

我們的父輩，許多人一直沉浸在「鐵飯碗」的夢想裡。他們當中有的人端了一輩子的「泥飯碗」，所以把端「鐵飯碗」的希望寄託到了子女身上。

殊不知，時代的變化比想像中還快：「泥飯碗」的時代還沒落幕，「鐵飯碗」的光輝已經黯然了。

在中國的計劃經濟時代，一度物質貧乏、生活艱苦，老一輩人眼中的理想職業是「鐵飯碗」，即在一個地方可以待一輩子，只要不犯什麼大錯，就不愁沒飯吃。

而如今，這個時代已經一去不復返，在市場化、商業化程度越來越高的今天，還有多少「鐵飯碗」可以端呢？所有的「鐵飯碗」最終都有可能變成「泥飯碗」。

所以，只有「金飯碗」才能餵養我們。所謂的「金飯碗」，不是在一個地方待一輩子，而是走到哪裡都有飯吃。

老實說，這絕不是一件容易的事，因為「金飯碗」不是別人給的，而是你自己打造的。

在可預見的將來，極有可能你一個人就堪比一家公司，而你就是你自己的飯碗。經營好自己，就是為自己打造了一個「金飯碗」，你做好準備了嗎？

人的一生都在不停改變

記得大學時候，老師跟我們講過這樣一句話：「你們現在在學校裡，成績好一點、差一點證明不了什麼，等你們畢業了，走進社會，只要五年時間，你們同學之間的差距就會變得非常大。」

如今看來，根本不需要五年，三年過去，彼此的差距已經一清二楚了。

環視四周，幾乎所有人都活得比你好：工作的待遇比你好；讀研究所的學歷比你高；回鄉發展的生活比你愜意；出國的視野比你開闊……好像就你自己活得最不好。

那麼，究竟該如何看待同齡人活得比你好這件事呢？

記得在××公司工作的時候，有件事令我印象非常深刻。有一天，我的工作信箱突然收到了一封郵件：××於二〇一二年加入本司，工作能力超群，成績斐然，展露出了卓越的領導能力。經公司研究決定，現任命××為公司副總裁。

××是一名大專生，「90後」，此前為公司行政經理。他當時才二十四歲，工作也才兩年就被一家近兩百人的公司直接提拔為副總裁。

我雖與他同齡，發展的速度卻相差十萬八千里。

這是我第一次看到自己與同齡人的差距如此之大，這件事對我的觸動很大。

◇◇◇

前段時間，因為工作關係，我採訪了一位投資人，他算是我遇到的投資人中最年輕的一位，一九八五年生的。

要知道，投資這個行業，整體從業年齡是偏高的。因為，這是個有錢人的圈子，不僅需要實力，更需要閱歷。若非「富二代」，合夥人級別的投資人很少有低於四十歲的。

他的厲害之處不只是年輕有為，他是學體育的，而且來自農村。大學時代為了賺生活費而開始創業，二十六歲時成為某知名企業的高級副總裁；如今三十一歲，已經是兩家投資公司的大股東。而且人家在精神層面也不落人後，對哲學、心理學頗有研究。

和他聊了一個多小時，我只感嘆人生竟然還能這般精彩，真是相形見絀。

年齡上，我與他相差不過五歲，但是和人家一比，簡直是一個地下，一個天上。

採訪結束後，我不禁問自己：五年後的我會活成什麼樣子？

◊ ◊ ◊

老實說，看到同齡人發展得比我好，我的內心是焦慮的。別人都一個個登上人生巔峰了，自己還這麼苦，我也會不安。

好在我能儘快讓自己平復下來。也是因為性格的原因吧，我自認為比較沉得住氣，相信大器晚成。周華健不也唱「沒有人能夠隨隨便便成功」嗎？

我自知自己資質駑鈍，顏值一般。顏值除了整型也改變不了多少，資質卻可以透過後天彌補。我只能選擇靠才華吃飯——做不了偶像派，還可以努力成為一個實力派，不是嗎？

一想到這裡，我又有了新的動力。

《增廣賢文》裡有句話我很認同：「莫將容易得，便作等閒看。」大意是：不要把容易得來的東西，看成稀鬆平常之物。

所以，當我們看到別人混得比自己好的時候，是不是把事情想得太簡單了呢？別人發展得好，不是憑空而來的。你只看到別人發展得好的結果而已，卻沒有思考人家發展得好的深層原因。

你自認為比別人勤奮，但光勤奮有什麼用？更何況，你的勤奮極有可能是一種錯覺——當你執著於錯誤的選擇時，往往越勤奮越狼狽。

別人用最簡單有效的方法就解決了你想破頭也解決不了的問題。

◇◇◇

決定你發展得好與不好的關鍵，不在於你勤奮與否，而在於你的能力所能創造的價值——你是作家，就用作品說話；你是業務，就得用業績說話。

這些可能與勤奮有關，但勤奮遠未觸及核心。換句話說，勤奮只是取得成就的一種途徑，它可能是壓倒失敗的最後一根稻草，卻難以稱得上是殺手鐧。

當你看著同齡人一個個走在了自己前面，其實不必大驚小怪，人與人的差距從出生起就存在，只不過二十幾歲這個年齡層的差距被放大了一點而已。

從心理層面上講，別人發展得好不好，跟你沒有什麼關係。別人發展得比你差，你就會很開心、很有優越感嗎？如果是，只能說明你見不得別人好。

當嫉妒情緒出現時，你可以這麼提醒自己：沒有比較，就沒有傷害；主動比較，就是自我傷害。

從現實層面上講，**現在的生活可能不是你想要的，但一定是你自找的，自己釀成的苦果自己吃**。起點低、資質差、沒背景，你還想躺著賺錢？

生活不會因為你勤奮就對你網開一面，生活也一定不會一直虧待勤奮的人。

最後一點，也是最直接的一點：發展得比你好的同齡人，不見得比你優秀；雖然現在發展得比你好，以後卻未必。只要不是靠自己努力得來的，皆不值得羨慕；只要是可以靠自己努力得來的，絕不輕易認輸。

第二章

深度復盤：成長有捷徑

你靠什麼過那1%的生活

秋愚是我的高中同學，交流雖不多，關係卻很好，是難得能夠交心的朋友。

在為人生中最重要的一次考試拚命的日子裡，我們曾非常坦誠地交流過。那時我自認為學習還算勤奮，但要說比我還勤奮的，她無疑就是其中之一了。

那時，我剛從普通班轉入資優班。「我覺得你是那種『不鳴則已，一鳴驚人』的人，我看好你。」依然在普通班的秋愚鼓勵我說。

那時的我性格靦腆，不愛說話，聽到這樣的稱讚，只是淡淡地笑笑。說實話，我一直都不是很自信，但我的骨子裡一直都有一種不服輸的精神。因而，儘管屢戰屢敗，也從沒有磨滅我的意志。我總覺得自己是可以做點什麼的，這給了我孜孜以求的動力。

秋愚比我還勤奮，但成績的提升好像並不明顯。在那些日子裡，我們經常在同一間教室裡各看各的書，各做各的作業，偶爾也聊聊天。

在普通班裡我的成績是最好的，但從來沒感到過一絲高興，反而常常愁眉苦臉，因為我心中真正的對手是資優班的同學。只有超越他們，我才有可能考上好的大學。

◇◇◇

一年之後，我終於實現了進資優班的願望。也是從那以後，我和普通班的絕大多數人切斷了聯繫，除了關係很好的幾位，包括秋愚。

那時的秋愚，依然每天五點起床，早讀後洗漱，幾乎每天都是我們年級裡第一個走出宿舍的人。晚上大家都回宿舍了，她又轉移陣地去教室晚自習。

秋愚的勤奮是有目共睹的，幾乎所有老師都知道，同學就更不必說了，但她的成績還是提不起來。

就在高考前的最後一個月，很多同學都放鬆了心態的時候，她也沒有動搖。那時，每天傍晚我們都會在樓下的操場上打羽毛球，但從來沒有見過秋愚的身影。

她不在宿舍就在教室，如果都不在，那一定在食堂。高考成績出來的時候，在學校公布的成績排行榜上，我特地留意了她的名次：217 名，她被一所省內的大學錄取……

◇◇◇

此後多年，我們天各一方，漸漸失去了聯繫。

大學畢業半年之後，我去了北京。偶然的一天，我聽說秋愚也在北京，於是果斷撥通了她的電話。那天，久別重逢，很開心。

直到那一天，我才知道秋愚來自單親家庭，家裡環境並不好。她的媽媽將所有的希望都傾注在她身上。在最困難的時候，她媽媽當過保姆、撿過垃圾，她不想、也不敢辜負媽媽對她的期盼。雖然她有時候坐在教室裡也會胡思亂想，但不在教室的時候心裡只有害怕，害怕考不上大學，害怕讓媽媽失望，害怕自己突然崩潰，其實很多時候她都是在死撐。

聊著聊著秋愚就哭了，很傷心。

但我無法安慰她，因為在我以往的意識裡，覺得一個人不成功一定是他不夠努力。秋愚說，她在北京混得並不好，準備離開回老家了，雖然說是在一家大公司工作，但其實薪資並不高。因為住得也不好，秋愚的臉色看起來蒼白了很多。

我不知道說什麼好，鼓勵她堅持？我自己對未來還沒規劃好呢！支持她放棄？但回去又能怎樣？

◇◇◇

我們一直聊到淩晨兩點才分開。那天，在路上我想了很多，關於過去和未來，關於現實和理想。

我們如此辛苦到底為的是什麼呢？

我媽也總是勸我回去，挖苦我說，我在大城市混一年存下的錢還不如她養頭豬賺得多。但我辛辛苦苦上了四年大學，就是為了回去養豬嗎？我不能接受。

但這就是現實，現實得讓你無法反駁。

你口口聲聲說自己要留在大城市，卻拿著幾千元的月薪，扣掉房租和生活費，一個月能剩多少，想想都覺得慚愧。我們大多數人就像鄭鈞〈私奔〉裡唱的：「把青春獻給身後那座輝煌的都市，為了這個美夢，我們付出著代價。」

我們努力，一是因為我們害怕，二是因為我們心懷希望。害怕自己一事無成，又希望生活幸福美滿。

我們把承受苦難當作一種投資，是希望若干年後能夠收穫更豐碩的果實。而上天還沒有眷顧你，也許是他還沒有留意到你，或者壓根沒把你放在眼裡。

但你不得不努力，因為你別無選擇——你努力，還有一絲希望；而你不努力，就一點希望都沒有了。

利用已有的，換取想要的

與阿茂相識，是二〇一四年的事情了。

那是一個週一的下午，公司舉辦了拓展培訓。按照慣例，培訓開始前，剛到職的小菜鳥要出來露個面。於是，阿茂意氣風發地走上講臺，擲地有聲做起了自我介紹。這是我第一次見到這個熱血沸騰的男人：濃密的頭髮，挺拔的鼻梁，一身黑色西裝，看起來就很有模有樣。

自我介紹完畢，回到眾人之中，阿茂恰好站在我旁邊，我們相互笑著打招呼。他是公司新來的培訓專員，熱愛演講的他，有志把演講當作自己的終身事業。

接觸幾次之後，我們就漸漸熟悉了。阿茂說，他和一群人弄了個演講學習協會，每逢週末就一起到公共場所進行即興演講，有時在廣場，有時在地鐵……哪裡人多去哪裡，逮到一群人就說，已經堅持兩年了。

我聽了連連嘆服。同齡人中，有多少人能如此「不要臉」地堅持一項事業呢？

◇◇◇

一個月後，阿茂辭職了。

臨別前，他到辦公室向我們道別，我問他：「你接下來怎麼打算呢？」他說，他準備全身心投入演講這件事上。

沒過多久，我就收到了他發來的一則群發訊息。

大意是，他要去參加國內某演講大師的閉門培訓，學費要三萬元，但自己一時拿不出那麼多錢，希望透過募資來完成這個夢想。

我出於好奇，就多問了幾句。他知道我平時在寫公眾號，想讓我幫忙推薦一下，於是我就把他拉進了我的讀者交流群組。

阿茂的到來，讓這個群組一下子沸騰了起來。他每天都會在群組裡發一篇自己寫的文章，大家一致認為太「雞湯」，紛紛表示斥責。但他卻不以為意，日日堅持要這麼做。

後來，阿茂把募資連結丟到了群組裡，這一次，大家忍無可忍了。其中有一個人犀利地質問：「你一進群組就發『雞湯』，天天發『雞湯』，發一下也就算了，現在又伸手向大家要錢，我們壓根就不認識你，你有什麼資格讓大家支持你的夢想？」

我趕緊跳出來打圓場，說他是我前同事，很優秀，人很好，也很有能力……說了半天才勉強平息了眾怒。

◇◇◇

每個人都年輕過，誰沒有幾個夢想呢？但為夢想買單的人，只能是我們自己，不可能、也不應該是別人。

在你沒沒無聞、一無所成的時候，在你拚盡全力依然沒有得到認可的時候，你應該用自己的雙肩去挑起你的夢想，而不是乞求他人助你成功。

因為，沒人有義務為你的夢想買單。

《左傳》中有句話：「朝斯夕斯，念茲在茲，磨礪以須，及鋒而試。」這句話用來詮釋夢想再合適不過了。它的意思是：早上這樣，晚上也這樣，念念不忘；做好準備，在最有利的時候出擊。

這才是一個人破繭成蝶之前應有的姿態。

我始終認為，夢想是一個人的私事，無論它有多麼宏偉，你的夢想永遠是你自己的夢想。四處張揚的夢想，要麼是空想，要麼是騙局。

你根本無須擔心你的夢想落空，把該做的做好了，結果都不會太壞，正如《牧羊少年的奇幻之旅》中那句經典的話：**當你真的想要去做成一件事情的時候，整個宇宙都會聯合起來幫助你。**

◇◇◇

有一次，和朋友去爬梧桐山。

山頂上清風拂面、人來人往，隱隱約約傳來一陣悅耳的歌聲。走近一看，是位戴墨鏡的小夥子正抱著吉他彈唱，他的身體隨著音符有節奏地抖動著。

中場休息的時候，小夥子真誠地訴說起自己的夢想。他說，他已經在梧桐山頂唱三年了，每個週末都會來。他一個人扛著音響、吉他等設備爬上海拔九百多公尺的山頂，一唱就是一個下午。

他的夢想是辦一場屬於自己的演唱會。

他沒有選擇去街頭、酒吧以賣唱為生，而是邊上班邊唱歌。三年下來，他已經累積了不少粉絲和聽眾。所以，他決定為自己辦一場演唱會。如今演出場地已經敲定，樂隊正在加緊排練。

聽完他的故事，我馬上決定買票。本想一張票起碼也要好幾百元吧，但出乎意料的是只要十元。他說：「賣票不是為了賺錢，只是為了攤薄場地費。」我相信他。

我並不羨慕那些為了夢想義無反顧放棄一切的人，但我佩服那些為了夢想孜孜以求、卑微堅持的人。

因為，他們不靠別人，他們靠自己。

三十歲之前，你最缺的不是錢，是本事

我有位學妹，畢業第一年就開始買基金了。在深圳，每個月四五千元的薪水是很難生存的。房租一千多元，生活費一千多元，衣服、化妝品雜七雜八再花一點，換作常人基本上是月光族。

但她仍每個月擠出一千元來「餵基」。

看起來她是個理財意識超強的人，只可惜理財水準一般。她買的基金從沒有賺過，今天跌一點明天跌一點，偶爾漲一次的收益還不夠扣手續費。一年下來，含辛茹苦先後投入了萬把塊錢，差不多縮水了一半。

另一位朋友的理財水準似乎要高那麼一點，他的炒股祕訣是：賺一筆就跑。一次性投入五千元，運氣好的時候能賺個三五百元。

聽起來蠻美妙，但別忘了你得花大量時間盯著K線圖。就這一點，我認為也頗不值的。因為，時間就是最大的成本，透過這種方式賺錢，保值和增值都很難。

◇◇◇

對於一窮二白的年輕人而言，我更看好透過手藝和技能去賺錢。因為在一個人的成長階段，手藝和技能的提升更容易，而且相對可以掌握。

有人說：「我現在理財不是為了賺錢，而是為了練手。」這種想法無可厚非，但我覺得你還不如把這點錢用來幫自己「充電」，先補一補理財知識，再練也不遲。

畢竟，不是每一個人都可以成為巴菲特，更何況青年時代的巴菲特也比你專業啊。終日幻想逆襲，成天癡迷暴富，世界上哪有那麼多好事呢？

作家木心在詩中寫道：凡心所向，素履可往。

我始終堅信，有些事，慢一點反而更快，比如賺錢。那些喜歡耍小聰明的人，說不定哪一天就因為無計可施而碰壁；那些熱衷搞投機的人，說不定哪一天就因為規則趨緊而落難。

所以，靠一身本領賺錢才是長久之計，別總是幻想能快速找到什麼發財的門路。

◇◇◇

年初，我把微信公眾號過去一年的打賞資料——共計三千多元，截圖發了微信朋友圈。一位微信好友看到後私訊給我：「如果我沒記錯的話，我倆差不多是同一時間開始做公眾號的，但我現在已經年收一百萬了，你才三千多，你這麼寫下去何時是個頭啊。兄弟，來跟我一起搞培訓吧，一天比你一年都賺得多！」

看到這個訊息，有那麼一瞬間，我心裡暗暗升起一絲悲涼。突然能理解一些朋友放棄寫作、逃離自媒體的行為了，也突然能理解一些同行毫無底線、大肆接垃圾廣告的行徑了。

每個人都在做選擇題，不是嗎？一心想賺錢的人，終會因為不賺錢而離開；眼光不只在賺錢上的人，又怎麼會因為不賺錢而忘記初心呢？

對大多數人來說，賺不到錢不是方法的問題，而是能力的問題。

記住一句話：**想要錢，請用時間和自由去換；想要自由，請用本事去換。**

三十歲以前，你最缺的不是錢，而是本事！

三十五歲以後，你靠什麼安身立命

有位讀者看了我的文章〈如何從一份價值不高的工作中逆襲〉後聯繫上我。他說自己非常焦慮，三十五歲了還沒有混出個人樣，月月拿著兩千四百元的薪水倉皇度日，要我幫他想想辦法。

說實話，乍一聽「三十五歲」和「月薪兩千四百元」，我不由得心頭一緊，這人生得有多慘啊？！

一線城市應屆畢業生的月薪也有五六千元了吧，就是實習生也不只兩千四啊！成都的薪資水準或許略遜色於北上廣深，但也不至於如此誇張呀……

偏偏，這就是老楊的現實情況。

老楊是一九八二年生的，旅遊管理系出身，目前是風景區的導覽員。在成為導覽員之前，他做過餐廳服務生，進過工廠，做過業務，甚至當過保全，十餘年換了十多份工作，卻始終沒有刷出存在感。

他言辭懇切地對我說：「小魏，我都這麼大了，不知道自己適合做什麼、擅長什麼，以後怎麼走呢，給點意見吧，兄弟！」

這個問題難倒我了。

◇◇◇

我把重要的聊天紀錄截了圖，丟到「未見讀者群」，群組裡瞬間爆了，幾乎所有人的目光都聚焦在這兩個點上——三十五歲、月薪兩千四百元。

阿青說：「月薪兩千四百元，沒有一個女生會嫁給他這樣的男人的。如果我找了個月薪兩千四百元的，估計我媽會打斷我的腿。我要找對象，如果在三線城市，月薪必須六千元以上，在一線城市的話，月薪不能低於兩萬元。」

大頭小當頭棒喝：「這就沒得混了，無可救藥了，還問啥！」

塵情總結陳詞：「什麼時候努力也不晚，大不了大器晚成。更多只是看上去努力，人懶藉口多，而且又懶得那麼心安理得，所以才有這種問題。」

……

大家議論了一個晚上，公說公有理，婆說婆有理，但是在某一點上基本達成了共識：老楊的現狀，皆由自己一手造成，但三十五歲才想要改變，實在是不可思議。

後來，我跟他說：「建議你從現在開始好好鑽研一門技能。既然現在的工作你不喜歡，也沒前途，那肯定是要轉型的。比如，你對木工或者剪輯感興趣，那就專心學一樣——不要抱著玩的心態，而是要下定決心去學。立刻辭職也不現實，等你該有的技能都練好了，再平穩地過渡到新的工作。」

我們大多數人，只能靠勞動生存。這就意味著，**你務必要掌握一門看家本領，無論從事何種行業，擁有一技之長才是你安身立命的根本。**

◇◇◇

自從開了微信公眾號以來，時常會有一些「粉絲」找我指點迷津，我很願意傾聽他們的故事。

一個人走向飛黃騰達或墜入萬劫不復，都不是一天兩天的事。《老子》裡有「九層之臺，起於累土」；《韓非子》裡也有「千里之堤，潰於蟻穴」。

任何一種變化，都是從小事開始的，從量變到質變需要一個過程。哪怕是火山爆發，也需要地表之下的能量累積到一定程度，不是嗎？

朋友對我說：「你講幾個勵志故事安慰一下老楊唄。」我拒絕了。既已身處荊棘之中，安慰能解決什麼問題呢？

你用十年時間去荒廢青春的時候，有沒有想過有朝一日會有怎樣的後果？當你蹉跎成如今這般局面，為什麼沒有勇氣用十年時間從頭再來呢？

你三十五歲方才恍然醒悟，那你準備用多少年來改變現狀呢？

◇◇◇

網路上有這樣一個笑話：一個男人總找不到女朋友，無奈去算命。算命大師說：「你前半生注定沒女人……」那人眼睛一亮，說：「那我後半生應該有吧？」算命大師說：「哎，到了後半生你就習慣了。」

對自甘墮落的人而言，人生的失敗不會窮盡。然而，一個人經歷的失敗和挫折過多，不一定是什麼好事。在某種程度上，它帶來的創傷後患無窮。

一九六七年，美國心理學家塞利格曼曾提出一種理論，叫「習得性無助」，大意是：一個人因為重複的失敗或懲罰而養成了聽任擺布的心態，即透過學習形成的一種對現實的無望和無可奈何的心理狀態。

二十多歲，正是風華正茂的年紀。無論你現在過得好與不好，一定不是某一刻突然發生的事情，所以，也千萬別指望馬上時來運轉。

如果三十五歲以後還沒有活出個模樣，也不要心灰意冷，立刻開始，一點一點去改變。只要你有魄力從頭開始，就還來得及。

唐代劉禹錫詩云：「莫道桑榆晚，為霞尚滿天。」

老年人尚且對生活滿懷期待，「80後」、「90後」的年輕人何至萬念皆灰？人生的路還長著呢，好戲永遠在下半場！三十五歲，既不是人生的巔峰，也不會是人生的結束，充其量也就是個中場小憩。但這卻是一個分水嶺——前十年多一分努力，後十年則少一絲遺憾。

所以年輕人，不拚一把，你確定餘生能睡個好覺嗎？

生活是具體的，逐步調整優化它

我沒想到才畢業三年，阿胖的變化會這麼大。他總說自己對人生已經不抱什麼希望了，我一度懷疑他罹患了憂鬱症，很擔心他。

搬家那天晚上，他對我說：「我已經預見十年後的自己一定會過得很悲慘。」聽到這話我有些震驚，心裡一絲涼風吹過。

「你怎麼能這麼想呢？」我反問他。

「我就是知道，我很確定十年後你一定會過得很好，而我會過得很悲慘。」阿胖憂鬱地笑笑。

「誰知道十年後的我們會怎樣？但我覺得勤勤懇懇地努力就好了，功到自然成，想太多也無益。」

「我也在努力啊，但我看不到任何希望。」阿胖反駁。

我說：「你要不放棄創業，去找個工作吧，創業真不適合你。」他不說話了。

他是一個比我糾結百倍的人，總是在前與後、左與右的十字路口搔首踟躕。但他的本質是很能幹的，心地善良，講究原則。畢業三年了，他說自己還沒有適應這個社會；他說很想賺錢，又很討厭賺錢。討厭賺錢的人又怎麼能夠愉快地賺錢呢？

作為年輕人，該豁出去的時候就要毫不猶豫，但阿胖做不到，他總是既想這樣，又想那樣；既不想這樣，又不能那樣。

◇◇◇

老歪是我和阿胖共同的朋友。

和阿胖一樣，老歪也是個糾結的人。我們在餐廳一起吃飯，點菜的時候，他在兩道菜之間為到底點哪個糾結了足足有十分鐘。結果呢，由於心情不好，食欲不振，也沒見他吃多少。

老歪一直很焦慮，他很想去大公司，但先後錯過了很多大公司，比如寶潔、華為、騰訊等。彼時剛從廣州找工作回來的他，看起來憔悴不堪。

老歪對我說：「我很羡慕你啊，每天寫寫字、聽聽歌、彈彈吉他，工作順心，瀟灑自在。」我笑笑，也不知道該怎麼回答他。真相是，正因為很累、很苦、很不爽，我才會去做這些事情，而當我去做這些事情的時候，我又找回了生活之樂。

其實，我的煩惱不見得比任何一位同齡人少，只不過我的心理承受能力還算強罷了。我焦慮，但我知道焦慮沒用，也就慢慢放下了。

歷史學家韓儒林先生有句話說：「板凳要坐十年冷。」我們這才畢業幾年？你這麼著急想獲得晉升，迎娶「白富美」，登上人生巔峰？誰不想？但很多事情並不是你想就能實現、你不想就不發生的，為什麼非要在這些死胡同裡左碰右撞呢？

◊◊◊

我們常常批判「非黑即白」的二元論觀點，但事實上，要做一個辯證唯物主義者還真難。對於意志不堅定的人，辯證法只不過造就了一批優柔寡斷的失敗者，前怕狼，後怕虎，站在原地還怕老鼠——這樣活著多難受啊！

當斷不斷，必受其亂。

記得我高考填志願的時候，也完全是一頭霧水，不知道該選什麼科系。磨蹭到最後，乾脆隨便報了一些科系和學校，這讓我在大學四年付出了很大的代價，應該說是我人生中的一次重大失誤，但我也沒有後悔過。

因為我知道，哪怕讓我重新再選擇一次，我也絕不會滿意。

我認定、我想要的東西都有可能落空，真落空的時候我也就沒那麼傷心了；我認定、我想要的東西都有可能落空，我也就不抱太多的幻想了。而當我不幻想的時候，就有更多的心思和精力投入到眼前的事情上，當我全心全意地投入，事情的結果往往也不會太壞，甚至比我預期的還要好。

這是一種良性循環。

相反地，當我抱著很高的期望去做一件事，這種想法常常讓我產生極大的心理壓力。我很想把這件事做好，卻又無法集中精力。對結果的過度擔憂反而消耗了我的熱情。結果，越想做成的事情越是很難做成。

這就是一種惡性循環，我親歷過很多次這樣的事。

◇◇◇

隨著微信好友越來越多，現在我都不怎麼看微信朋友圈了，但無聊的時候我會時不時關注別人的動態。

每當我看到朋友圈有人轉〈婚姻是一件小事〉的時候，我就知道：這個人一定是「單身狗」；每當我看到有人轉〈你若安好，便是晴天〉的時候，我就知道：這個人的心情一定是陰雨連綿了；每當我看到有人轉〈別急，你想要的歲月都不會給你〉，我就知道：這個人肯定至今依然一無所有。

如果歲月只會給你魚尾紋，給你黑斑，給你窮困潦倒，給你滿頭白髮，給你長吁短嘆……你還不急？

你早該急了！而且要快速行動、腳踏實地！而不是異想天開，自娛自樂！但你也不要乾著急！你要耐心點、厚積薄發！而不是心浮氣躁，急於求成！

所以，別期待歲月，你想要的歲月都不會輕易給你！你想要的，那些腿長、腳快的人也想要！歲月也不會因為你是玻璃心，就對你格外仁慈一些！

絕不可能！

迷茫的時候，持續做有意義的事

恍然間步入職場就快三年了，總覺得自己還是不夠成熟。某日在與合作方溝通的時候，被突然造訪的陌生訪客稱讚「專業」，感覺蠻有意思的。不過，我覺得自己一點也不專業，畢竟，我也才入行半年呀。

我自認為適應能力還算不錯，因而無論在什麼環境下都不至於太狼狽。同樣的場景經歷幾次之後也就順風順水了。整體上，我對自己的表現還比較滿意。

在剛開始寫作的時候，我寫出了第一篇閱讀量破千的文章，又寫出了第一篇閱讀量破萬的文章，之後寫出了人生中第一篇閱讀量十萬以上的文章。這對一名「文案狗」來說，真是件振奮人心的事，尤其當我收到來自「人民日報」這樣的微信平臺的轉載邀約時，更是喜不自禁。

◇◇◇

大多數抱怨生活無聊的人，往往也是無趣的，而大多數感到迷茫的人往往也是無能的。

你的時間都花在了「無聊」上，不迷茫才怪呢。不過，我想告訴你的是：無聊就是人生的常態。以我的個人經驗來說，感到迷茫的時候往往都是沒事做的時候。沒事做，就會胡思亂想，想來想去，發現自己什麼也不會，頓覺自己一無是處，前途一片暗淡。而事實上，自己能拿得出手的本事也真不多。

當你從一名學生轉變為一位職場人士後，原本應該留給興趣愛好的時間全被打亂、擠壓、占據，除了工作就是吃飯、睡覺。拿到的薪水少，做的工作沒營養，上司惹不起，同事不好相處，家人見不著，朋友沒幾個……想想，你現在的狀態是不是這樣？

也許你還做著自己不喜歡的工作，也許你已經果斷地辭職了，但你想要的都還沒有得到，考慮到這一點，你的迷茫，實屬正常。

如果什麼事都順心如意，你還發那些百無聊賴的朋友圈幹嘛呢？

◇◇◇

你問我，如果感到迷茫怎麼辦，按理說解決這個問題並不難，一針見血的辦法就是：**當你感到迷茫的時候，就立刻找事做，做到吐為止**。

當然，具體做什麼事是需要思考一下的，最簡單的方法是想想自己目前最需要什麼。比如，如果你不喜歡現在的工作，想去做一名律師，那就買套書自學啊；或者你對自己目前的狀態還算滿意，那麼考慮一下有沒有什麼感興趣的事情，比如游泳，比如打羽毛球等，報個課程學一下未嘗不可。

克服迷茫的關鍵在於，用有意義的事情將所有大塊的空白時間占據。

也許你又要問：什麼才算有意義？你非要答案的話，我也告訴你我的回答：你覺得有意義的都有意義。

我相信，你一定有自己感興趣的事情，你最好一樣一樣地嘗試一下。如果試遍了還是沒找到，那也沒關係，一直試下去。你可以這麼想：學習總是有意義的，無論你學什麼，先學點再說，每一次接觸新事物都是一次開闊視野的機會。

如果你連這點自制力都沒有，我也沒辦法。我的建議只適合那些能夠掌控自己生活、願意規劃自己未來的人。當你迷茫完了，如果還沒對人生絕望的話，你自然會發現迷茫也沒用，不如踏踏實實做點事。

◇◇◇

我是一個比較講究實際的人，凡事一定要「有點用」才會去做，「沒用」的不會去浪費時間。不過我所定義的「有用」就廣泛了，不限於回報、利益、得失等，滿足了好奇心、讓我覺得好玩，在我看來就是有用的。

所以，我不認為浪費時間是一件可恥的事。你一生有幾件事不是在浪費時間呢？時間就是用來浪費的，但生命可不是用來荒廢的，樹都知道向陽生長，又何況是人呢？我希望我的時間可以浪費在美好的事物上，因而，我才強烈建議你去規劃自己的時間。

我迷茫的時候也曾不知所措，但熬過了那個階段就豁然開朗了。當我開始規劃自己的時間，生活就變得越來越有節奏感了。空閒的夜晚，我會安安靜靜地寫字；搭車的時候，我會一如既往地看書；週末的時候，我會酣暢淋漓地打球。每做完一件事，我都很開心，哪有時間去迷茫？

總而言之，迷茫不可怕。記住：與其迷茫，不如用迷茫的時間去克服迷茫；與其迷茫，不如用迷茫的時間做點有意思的事。

沒有實力，不要玻璃心

週末和老歪一起去打籃球。同組的另外兩個人不是很有實力，其中一位可能是不太常打球的緣故吧，屢屢失誤；另一位技術還行，卻不怎麼用心，看起來心情很低落。

我們四人連續三場敗下陣來，甚至其中一場還被剃了光頭（五比零），下場的時候，老歪特別生氣。「走吧！不打了！都不防人，打什麼打！」老歪邊抱怨邊向我使眼色。

我笑笑：「別太在意，打著玩啦，又不是比賽。」

和這樣的隊友打球，我也不怎麼盡興，但好不容易放假打個球，我可不想這麼快就回去。更何況，讓這點小事影響心情也不符合我的風格。

老實說，在籃球場上我曾經也是一個很拚的人，每次打球都很賣力。一到球場上，彷彿全部細胞都活過來了，根本停不下來。我也很在意得分及失誤，尤其是我自己的。但因為身高不夠、技術不佳，且好勝心強，失誤是常有的事。

要再碰上那種橫挑鼻子豎挑眼的隊友，就更加掃興。我本來已經為自己的失誤感到自責了，他還一個勁地嘮叨，煩得要死。自責很快就轉化為憤怒。結果可想而知，出去打球不開心是常有的事，但我又如此熱愛籃球，很矛盾。

◇◇◇

我心態轉變的原因，主要有兩個，一個是被指責多了也就麻木了；另一個是隨著球技長進失誤少了。但球場上的不愉快依然無法避免，有人真會為了一次發球權爭得面紅耳赤、大動干戈，每每遇到這樣的情形，我心裡是不屑的：又不是什麼很嚴重的事？

如果換作我，直接讓給對方發球就好了。與其爭個半天，球都進了三四個了，何必呢？出來打球不就是圖個開心嗎，搞得像打仗似的，很討厭與這樣的人一起打球。

但這種人還真不少，他們並不是因為在球場上才這麼認真，在生活中往往也是斤斤計較的人，對這種人我通常敬而遠之。

一點虧都不能吃的人，還是少接觸為妙。

「看別人不順眼，是因為你自己修養不夠。」我覺得這句話蠻有道理的。並不是說，你要提升自己的修養，以忍受別人的不良行為，而是說，輕易動氣本身就是格調很低的事。讓別人的過失影響自己的心情，更是不值。

◇◇◇

記得那次從北京返回昆明，我朋友在淘寶上訂機票。本來應該買北京飛昆明的，他只盯著特價機票，一個眼花買成了昆明飛北京的票，結果兩張機票全部作廢了（特價機票不能退）。

當時我心情也不好，但失誤已經造成，抱怨又有什麼用？於是我默默打開訂票網買了兩張火車票。大過年的，兩個人就這麼站到了昆明，但一路上依然有說有笑。

還能有更好的辦法嗎？我是沒想到。真實的情形是錢已經快花光了，又趕上春運[3]，迫不得已只能接受站票。另一方面，我自己也不是斤斤計較的人，而此君又是我的好朋友，因而這事也就平平靜靜地過去了。

某天偶然看到一人發了個微信朋友圈：「你糾結，是因為你不喜歡。」我暗自笑了。本來想立刻評論一句：「你糾結，是因為你無能。」想想還是沒回，跟人家無冤無仇的，容易引起誤會。

但那句話我是萬萬不同意的，你有什麼資格不喜歡？你除了抱怨還會什麼？你不喜歡，那去做你喜歡的不就完了？但事實是，別的你喜歡的，你又做不了。

◇◇◇

在前面的文章〈生活是具體的，逐步調整優化它〉裡我舉過一個比較誇張的例子：我一位朋友常常在兩道菜上猶豫很久。一位細心的讀者評論道：「兩道菜都點不就好了嗎？」一針見血。

3 中國春節期間特有的大規模返鄉潮所造成的交通運輸現象。

但問題在於，多點一道菜就得多花錢呀，而吃不完其實是次要因素。說到底，你之所以糾結，還不是因為你「無能」？不是說你能力不行，而是說你的實力不足以承載你過高的欲望，至少目前實力不夠。

拿我自己來說：為什麼搬到離公司那麼遠的地方住呢？很簡單，因為我想住得好一點又不願多花錢，而口口聲聲說愛打籃球，這裡靠近籃球場，不過是藉口罷了。

說穿了，解決「糾結」這個問題並不難：要麼讓自己擁有更強的實力，要麼讓自己擁有更強的抗壓力。實力強，自然能掌控各種大場面，因此也能承擔更大的風險；抗壓力強，自然能化解更多不良情緒，也能抵擋更多的挫折。

怕的是既沒有實力又是玻璃心，生活對於這樣的人一向是冷血的。

如何戰勝無力感

一個國中就輟學賣豬肉的同學發來請帖，說他月底就要結婚了，請我務必回去參加他們的婚禮，我「自覺」地回了個紅包，還不忘解釋：太忙、太遠、十分感謝、萬分抱歉……

其實主要原因還是一個字——窮。

我寧願用機票錢湊個紅包，也不想身臨其境地「自取其辱」呀。同樣是二十六歲，人家事業都小有所成了，我還在所謂的大城市裡漂浮不定，自我安慰說自己是為了追求想要的生活，又經不住凡塵俗事的誘惑，漫無目的地堅持著。

雖說「生活不只眼前的苟且，還有詩和遠方的田野」，但眼前的苟且無窮無盡，詩和遠方的田野遙不可及，真是件令人痛苦的事。

我並不想打破你對未來的美好幻想，因為我們許多人，包括我自己就是一個儘管看不見希望，還時刻抱有一絲希望的人，姑且稱之為「苟且之徒」吧。

這就是我們的現狀：在人海茫茫的城市打滾，做著形同雞肋的工作，拿著微不足道的薪水，過著眼前苟且的生活……

詩和遠方的田野，在哪裡？

◇◇◇

我不太喜歡用幻想麻痺自己。相反地，我樂於關注現在、關注當下、關注真實、關注冰冷的生活和貧瘠的內心。

如果不能掙脫眼前的苟且，遠方的詩歌和田野再美又與你何干？

生活不只眼前的苟且，（極有可能）還有未來的苟且。尤其對於心存僥倖、不思進取的人，實屬必然。

所以，與其眺望遠方，不如看看「這裡」：**遠方不一定有詩歌和田野，而這裡卻有雙手和腦袋。**

「生活不只眼前的苟且」這句話對於已經脫離苟且的人是成立的，因為苟且已經成為過去；而對於那些尚在苟且中苦苦掙扎的人，詩歌和田野不過是個幻夢而已。

在遠方尚未抵達之前，身處苟且之中的「苟且之徒」，還是默默地累積能量吧。不要為幻想意亂神迷。有朝一日你抵達遠方，相信你也能氣宇軒昂地唱這首歌。

◊◊◊

陽春三月，萬物復甦，糾結兩三個星期之後，旭楊終於下定決心向心儀的女孩表白了。

二人來自不同城市，在一個陌生的街角因為等同一班公車而相識。漫無目的地閒談幾句，覺得對方蠻有意思的就加了微信。後來相約一起看電影、聽音樂會、遊山玩水，漸漸熟悉彼此。旭楊確定，這位女孩就是自己要找的另一半。

但當旭楊終於鼓起勇氣說出「我愛你」三個字時，卻被女孩拒絕了。女孩說，她就要離開這座城市了，為此她已經準備了大半年，這一次非走不可。

旭楊突然不知道該說什麼了。

旭楊希望她留下來一起奮鬥、一起打拚，但他自己都不確定奮鬥與打拚最終能不能換來自己想要的生活。一句「生活總是有希望的」挽留不住那個將要離開的人，旭楊心裡清楚。大城市就是這樣，無數人擠破頭要來，無數人悄悄地計劃著離開。

旭楊是一個樂天派，儘管事業、愛情、生活一再受挫，卻也很少愁眉苦臉。就是公司正式宣布關門的那天，他還帶著僅剩的幾個員工去樓下的小飯館吃了一頓。

大家都很難過，卻無一人責怪旭楊，因為他們都相信旭楊的能力和為人，更何況創業這件事，本身就是機會與風險並存，怪不得誰。

乾杯的時候，大家只淡淡地說了句：「從頭再來。」而關於下一個專案的方向，他們已經有些眉目了。

◇ ◇ ◇

我時常對自己說：**不要把奮鬥當成一種任務，而要把奮鬥當成一種生存姿勢，一種前進的姿態。**

我們來到大城市，不正是因為不甘於平庸、想出人頭地嗎？

你總是擔心自己的努力付諸東流，你何時能夠全力以赴呢？你都沒有全力以赴，又如何指望生活優待你呢？當你吝嗇付出的同時，你也錯失了出人頭地的機會。

當你要求的多了，就應該付出與之相匹配的籌碼才是。而唯一能夠作為籌碼的，就是我們的雙手和腦袋。我們所有的付出，都會在我們的生存狀態和生活品質上得到回應，與此同時，我們的思想和精神都獲得了滋補。

額外的痛苦和辛酸，或許真的只是我們自作多情。想要的太多，得到的太少，又如何能不痛苦？

當你把奮鬥當作一種「可能性」去對待，對未來的期許少一些，對結果的預期低一點，儘快接納眼前的現實，心中的牽絆自然會少很多。

「我就是在追求我想要的生活，即使最終沒有得到也無怨無悔。」這樣想不好嗎？

◇◇◇

我曾在微信朋友圈寫過一句話：**像樹一樣生活，像風一樣生長；像樹一樣篤定，**

像風一樣自由。

我想說的是，對於樹而言，生活只是一種狀態，向上只是一種姿勢；對風而言，生長只是一種軌跡，自由只是一種造型。活著，或許真的不是為了那麼多的意義。人也是一樣的，為什麼一定要為理想、為生存我們才願意奮鬥呢？逆生長也未嘗不是一種姿勢！

唐代詩人羅隱寫過一首詩：

> 不論平地與山尖，無限風光盡被占。
> 採得百花成蜜後，為誰辛苦為誰甜？

羅隱寫的是蜜蜂，辛辛苦苦採花釀蜜，結果自己不能享用，蜂蜜盡被人類奪走。如此辛苦，究竟是為了誰呢？我們這些身在異鄉艱苦奮鬥的「漂客」又何嘗不是這樣？

第三章

高級進階：永遠尋找更好的方法

找到自身優勢，打造持續發力點

一位三十二歲的寶媽在微信公眾號後臺留言給我：「我是做會計的，想轉行做新媒體。眼前正好有一份新媒體的工作，但薪水比我現在低得多，正糾結要不要換。如果換的話，怕收入難以支撐家庭開銷；不換的話，又怕錯過這個機會。」

我反問她：「你為什麼要轉行呢？」

她說：「一開始就不喜歡做會計，天天和數字打交道，煩死了。」

我又問：「那你了解新媒體嗎？」

她說：「不太了解，但我喜歡寫寫畫畫的工作。」

我說：「新媒體不是寫寫畫畫就能做好的，你最好深入了解後再決定要不要涉足。如果你確實想做的話，可以自己先開個公眾號，一邊上班一邊做，時機成熟再轉行也不遲。」

她說：「我白天要上班，晚上要帶孩子，沒那麼多時間……其實，我老公也勸我說，如果我連老本行都做不好，換個行業也未必行。」

我說：「你老公說得對啊，我也不建議你換。第一，收入突然減少，你的家庭能否承受？第二，你連新媒體都沒有深入了解過，有多大把握做好呢？」

◇◇◇

半年前，我的朋友阿良對我說，他想換工作。

阿良是一家互聯網公司的文案企劃。那時，他想跳槽到新媒體公司，理由是新媒體公司營運更專業。阿良想成為一名自媒體大咖，我理解他。

據我所知，他現在的公司屬於冷門行業，也就是傳說中那種「躺著賺錢」的公司。公司對文案的最大需求就是投放百度推廣，這不需要多少技術，所以阿良常常感到英雄無用武之地。

阿良抱怨說：「我想換個環境，在這裡根本學不到任何東西，純屬浪費生命，我想有個高手能夠帶我一下。」

我說：「我倒想有更多時間可以自由支配呢，你現在有那麼多時間，完全可以用來自我提升，就是自己開個公眾號試試也行啊。」

阿良說：「我想到一家專業的平臺，跟著高手學習。」

我說：「想學東西得靠自己，做新媒體不是教出來的，打鐵還需自身硬。你以為新媒體真有那麼好賺錢嗎？你只看著大號接個廣告幾千、幾萬，但你想過人家半夜『垂死病中驚坐起，想到一個好標題』的辛酸嗎？」

經我一番勸說，阿良決定先開個公眾號試試。幾個星期過後，圈了一百八十多個「粉」的阿良哭著對我說：「沒想到做新媒體這麼難啊！我以為寫寫文章就能漲粉了呢……」

◇◇◇

有的人換工作，是因為在這一行混不下去了，於是抱著逃跑心態轉行試試。殊不知，轉行之後，人生不但沒有開外掛，甚至境況還更糟糕。

一條路走到底，感覺快扛不住了；吃回頭草，又不想重蹈覆轍，轉而陷入進退兩難的境地。但逃跑心態一旦啟動，是很難消滅的，反正他們早晚還是要換的。

但世界上哪有什麼行業是輕鬆又賺錢的呢？容易賺錢的行業，比你聰明百倍的人老早就占好坑了，哪裡還有你的份？後來者要想活下去，只有兩條路：要麼比別人精明，要麼比別人勤奮。

如果腦子不好使，又捨不得花力氣，那注定是要被社會淘汰掉的。

正如網路上有人提問：「讀了那麼多書，依然賺不到錢，讀書有什麼用啊？」

一位網友怒答：「不是讀書沒用，而是你沒用勁。」

每一個開外掛人生的背後，一定有一個亮閃閃的人設。如果你不夠格，你的人生怎會開外掛呢？

管好情緒是心智成熟的第一步

「連個表格都不會做，這樣的人你要她幹什麼……」站在主管身邊的芸只聽清楚了這麼一句，但她已經知道電話那頭罵的是自己了。

很明顯，電話是財務總監打過來的，那一口濃重的鄉音令人發怵。

剛過去的週五，公司調派人員去某大學徵才，芸是唯一一位科班出身的人事經理，但她剛從大學的象牙塔裡走出來，做事難免有些毛躁。有經驗的人事都知道，校園徵才是個累人的工作——三五個人應對幾百個畢業生，每天忙得跟陀螺似的。

而不巧的是，這一天正好是公司的發薪日，芸還得計算薪資並提交財務。因為一時疏漏，芸做表格的時候只列出了每位員工應發的數字，卻忘了統整。

由此引發了開頭的這一幕。

剛下高鐵，來來往往的人很多，財務總監一直訓，訓得主管臉都綠了。主管掛掉電話，轉身將火氣全出在芸身上。

芸不敢說話，低著頭，強忍眼淚，不讓自己哭出來。畢竟，確實是自己犯錯在先，而且自己才畢業不到一年，不想也不願因此丟了工作。

就這樣，從高鐵站到公司，芸被主管罵了一路。「那是我畢業以來最難過的一次，」芸嘆了口氣，接著說，「第二天主管跟我道歉說昨天太生氣了……其實，這件事我不想原諒他，但又有點感謝他，感謝他讓我長了記性；我不想原諒他，是因為我覺得公眾場合這麼罵人很不好……好長時間，我耿耿於懷，但後來我安慰自己，誰叫你做錯了呢？你不做錯能被罵嗎？誰叫人家是主管？就這樣天天洗腦自己，一個星期我就慢慢釋懷了。」

◇◇◇

剛畢業的時候，我也有過類似的經歷，但那時的我遠沒有芸那麼沉得住氣。因為，我人生中第一份工作就是被上司痛批後負氣辭職的。

那是二〇一三年十一月。當時，我已經向集團總部提出了轉正申請，可以說99%是能夠轉正的，但心中累積已久的情緒爆發了出來，我沒有選擇隱忍，而是做了最粗暴的決定——辭職。

所謂的「一言不合就辭職」大概就是這樣的吧，雖然我至今也不為當時的莽撞後悔，但年輕氣盛對我後來的職涯發展造成了很大的影響。

兩個月後，我進了另一家公司。彼時，「社群」的概念剛剛萌生，老闆認為這是一個很好的機會，躍躍欲試，這個重任自然而然落到了我身上——新人嘛，做實驗的不二人選。

在老闆的介入下，我花了大量時間和精力來經營公司的社群，然而，老闆卻不甚滿意。他認為，我們的社群不但沒有為銷售帶來促進作用，反而消耗了公司大量的資源，直接在公司群組裡大發雷霆：「我讓你們做社群是要為銷售服務的！你看看你們的社群做成了什麼樣子，一天到晚只有媽媽交流育兒經，公司發薪水給你們是讓你們來聊天的嗎？」

他也不明著指出是我，但這事就我一個人負責啊。那時我還在試用期，嚇得不敢說話，還好總監出面打了個圓場，我才躲過一劫。

第二天中午，總監叫我單獨面談，我的第一反應是：糟了，估計我在這家公司待不下去了。

不幸中的萬幸，總監說，老闆本來打算直接開除我，但被他擋下來了，讓我珍惜機會好好做。

工作幾年後，如今再被老闆責罵，我已經不會往心裡去了。事實上，很多時候老闆只是在氣頭上說了一些過火的話而已，是我自己太玻璃心了。

那麼，如果不幸遭到老闆痛批，該怎麼應對呢？

第一，主動承認錯誤，並提出修正方案。

初入職場的新人，往往自尊心極強，我自己當年就是這樣，即便不當面衝撞老闆，內心的抵觸也是顯而易見的。如果老闆寬宏大量的話，也能理解你；但如果老闆心胸狹窄，那你就等著被找麻煩吧。

老闆正在氣頭上，最合理的應對方式就是先避其鋒芒。如果確實是你的錯誤，解釋再多也無濟於事，立刻把你想好的補救措施和調整方案拿出來，這才是最管用的。如果不是你的錯誤，等老闆氣消了，你再跟他解釋也不遲。

第二，積極改正，讓老闆看到改善成果。

出了錯，挨了罵，事情還沒完，你還得善後。通常，能夠驚動老闆的都不會是小事。別指望老闆馬上就忘了，你給他留下的印象已深深地刻在他心裡了。想要改變這種不好的印象，你得拿出令人驚豔的成果來。

別忘了，及時向老闆報告一下工作進度。很多批評責罵，其實是由不必要的誤會造成的，大多是因為溝通不順暢。你不說，老闆不會知道你的工作難度有多高；你不說，老闆就默認什麼都該由你來負責。所以，千萬不要等老闆來追問你的進度，主動的員工更容易獲得信任。

第三，調整工作方式，杜絕重複性錯誤。

最讓老闆難以容忍的往往不是有難度的工作沒有完成，而是一件小事一錯再錯。如果你總是因為同樣的事情挨罵，那一定是工作方式出了問題。到底是自己不長記性，還是什麼別的原因？每次從坑裡出來，務必要找到根源並加以改善。

第四，及時排解負面情緒。

挨了罵，內心怎麼爽快得起來？此時，你需要放空自己。根據我的經驗，劇烈運動、唱歌、找人傾訴等，都是排解負面情緒的有效方法。

我心情不爽的時候，會去酣暢淋漓地打一場籃球，把自己累得上氣不接下氣，哪還有精力去想那些不開心的事呢？或者約上幾個好友去KTV吼他個死去活來，什麼煩惱都沒了。

有的人不喜歡過於激烈的發洩，尤其是女孩子。那麼，把關係最好的朋友約出來談談心，也是不錯的選擇。積壓在心裡的委屈，一旦說出來，也就沒那麼難受了。

再者，旁觀者清，聽聽別人的看法，或許你就想明白了呢？

◇◇◇

畢業第一年，我初嘗謀生的艱辛，沒有人指點迷津，沒有人噓寒問暖，一切只能靠自己。如果你有幸遇到一個願意教你、帶你的上司或老闆，這是你的福分，一定要珍惜。

前幾天，一位朋友向我求助，說他們部門剛發生了人事變動：原來的主管因為沒有完成季度考核被調職，而在不久前的一次部門會議上，朋友頂撞了他，新舊交替之間，員本的主管把自己的人都帶走去負責新專案，唯獨他被排除在外。這就造成了他新主管不熟悉、舊主管不歡迎的尷尬處境。

我問他：「你為什麼要當眾頂撞主管呢？」

他說沒忍住……

「挨罵，也是工作的一部分。」這是我的一位前上司曾對我說的話，聽起來好像顯得特別無奈，**但對初入職場的人而言，吞得下委屈也是一種能力**。

情商低的人常常把心直口快當作勇敢，殊不知正是一次又一次所謂的「勇敢」，斷送了自己的職場前途。

如果你運氣好，遇到了一個脾氣好的主管，或許不會跟你計較，但相信我，你雖然躲過了壞事，好事大概也沒你的份。人性如此，誰會提拔一個總和自己作對的人呢？不能說沒有，但是少之又少。

如果你運氣不好，遇到一個牛脾氣的主管，說不定哪天就被找麻煩。主管要找下屬的麻煩還不容易？沉得住氣，何嘗不是一種優秀品質。

醒醒吧！世界上沒有不委屈的工作，只有玻璃心的員工。別看不慣別人比你更受歡迎，受歡迎的人必有其可愛的一面，不受歡迎的人必有其可惡的一面，只是你不當回事罷了。

情商低，是通往人生巔峰的最大障礙

老王來我們公司是在二〇一五年，那時他已經三十二歲了，與直屬上司同齡。不同的是，上司早已躋身為公司的合夥人，而老王只是一名月薪七千元的基層員工。

彼時，我畢業兩年多，覺得自己混得蠻慘的，不過，老王似乎比我還要慘一點。

中午吃飯的時候，同事們常拿老王來尋開心：

「畢業七八年了，才拿七千元的月薪，這人怎麼混的啊？」

「他還自稱××公司出身，吹牛的吧？」

……

有好事者還真對老王進行了全方位的背景調查，最終得出結論：老王只是任職於該公司的外包公司，並非該公司的正式員工。

後來，幾個比較好的同事私下建了個群組，也不邀老王一起，有的說跟他有代溝，有的說跟他個性不合，有的乾脆說「這傢伙腦子有病」。

老王腦子有沒有病，我不知道，但他有幾件事做得確實很糟。

剛來第一天，他也不跟同事們打招呼，上司開會抽不開身為他安排工作，他就整個早上坐在電腦面前發呆，像個呆瓜似的。

後來大家熟識了，每天他一來辦公室就嘰哩呱啦講個不停，一會兒報新聞，一會兒扯歷史，一會兒話家常，令周圍的同事不堪其擾。

中午吃完飯，他第一件事就是抽菸。也不去抽菸區，就坐在自己的座位上吞雲吐霧，女同事都在小群裡罵他沒公德心。

我們老闆是位傳奇人物，是某知名產品的創始人。一天晚上，某同事無意間在網路上看到了老闆曾經為那款產品所做的代言廣告，就隨手扔進了公司群組。

一群同事大為震驚，直呼優秀！

一時之間，越來越多人留言，老闆連忙親自出來發紅包「滅火」。他謙遜地說：「過去的成績不值一提，希望大家以後齊心協力，一起做更多的事。」

這時，老王突然在群組裡吐出一段話：「對啊，過去的成績和你有什麼關係呢？

你現在是我們公司的大老闆，好漢不提當年勇！」對了，後面還帶了三個「摳鼻屎」的表情。

此話一出，所有同事都不說話了。

小群的通知閃了起來：「老王到底有沒有情商啊？」

「我看是智商有問題。」

「他怎麼這麼說老闆，好歹那也是人家過往的成績啊，還『好漢不提當年勇』……」

「腦子進水了吧？」

……

◇◇◇

一個三十多歲的人，說話這麼沒分寸，確實麻煩。所幸老闆脾氣特別好，沒把這當回事。

不過，從那以後，周圍的同事紛紛和老王劃清了界線，表面上雖然和和氣氣，但暗地裡卻對他日漸疏遠。

第二天，老王自己解釋說：「昨晚喝醉了。」我心想，既然知道喝酒誤事，那還放縱自己喝到醉啊？不過，恐怕很少有哪位醉漢喝酒前會這麼想吧。

老王的存在，與公司的風氣格格不入。他總是吹噓自己昔日的幸福時光，什麼「每天十點鐘才到公司」啦，什麼「天天和行業大佬一起吃飯」啦……一開腔就滿嘴跑火車[4]，也不管別人信不信，只顧自己高興。

有段時間，公司開始了一個新專案，需要採訪一些企業創始人，老王是執行者之一，充當「記者」的角色。因為公司手裡掌握著一些發稿管道，所以採訪對象對我們這個專案非常支持。

老王倒好，第一次出去採訪回來，當天晚上就在公司群組裡發了個大紅包，自稱是受訪人給的潤稿費，還大言不慚地向其他同事傳授收取潤稿費的「祕訣」。

傻子都猜得到，無非是他又一次把自己所謂的背景搬出來糊弄人。公司從上到下，所有人都看在眼裡，沒人說話，只是悄悄地領紅包。

4 形容一個人愛吹牛，或是說話不經大腦，想說什麼就說什麼。

不過，小群裡卻炸了：「這傢伙遲早要出事！」

「我真是服了他，怎麼有這種人啊？」

「我敢保證：老王半年之內一定會被公司開除。」

……

◇◇◇

公司規定，外出也要打卡，但老王任性就是不打。更糟糕的是，他常常偷工減料，別的同事一個採訪通常要一個小時左右，他十五分鐘就草草結束了，回來寫稿沒內容的時候就自由發揮。

為什麼只採訪十五分鐘呢？因為這傢伙是個夜貓子，晚上兩三點才睡，早上睡到十點以後才起床，他打著採訪的幌子上午不去公司，無非就是在家睡大覺，所以才把採訪時間壓縮得幾近於無。

對於老王的自由發揮能力，我是見過的。無非是把網路上的東西東抄西貼，重新排列組合，換個表達方式，再輔之以大量的廢話。私下裡，同事們都說老王是在製造文字垃圾。

有一天，我正在自己的座位上專心致志地做事情，上司突然走到我旁邊，湊到我耳邊說：「魏漸，王××的工作先由你接手一下啊。」我眼睛一轉，瞬間明白：老王這次玩完了。

我回頭一看，老王果然不在自己的座位上。

此刻，我突然想起前一天晚上老王在公司群組裡做的另一件蠢事。

那段時間，公司幾位高層經常去東北出差，順便學了一些東北話，回來後常在公司裡用東北話開玩笑。

一天晚上，大家在公司群組裡聊起了這件事，老王突然跳出來發了一條禁令：「你們以後不要學東北話了，太難聽！」

公司的一位女副總性子直，隨即怒回：「我們學不學東北話跟你有什麼關係？你管得真寬！」

老王不甘示弱：「因為我前女友是東北人！」

……

很顯然，老王又喝醉了。

本來大家都在大群聊得好好的，此刻紛紛轉移到小群去了：「看吧，我就說老王腦子有問題！哈哈哈哈……」

「真是服了服了，人才啊！」

「我牆都不扶，我就服老王！」

……

◇◇◇

上司交代我接手工作後沒多久，老王終於現身了，睡眼惺忪的樣子，一看就知道他又睡過頭了。

上司直接叫他去會議室。大約過了一個多小時，老王從會議室裡慢慢地走出來，在自己的座位上坐著，一言不發。大家都納悶：老王今天怎麼不「跑火車」了？只有我知道：老王被勸退了。

其實，這事很容易明白：一個「老油條」，剛進公司就冒犯老闆，如今又得罪了副總，而自己的本職工作又一直敷衍了事，上司就是想保他也沒任何理由。

滑了半小時的手機，老王開始收拾桌面。一切收拾好之後，老王背起包離開了公司。沒和任何人打招呼，也沒有任何人為他送行……直到傍晚下班，大家才知道事情的原委。

對於老王的離開，一位犀利的同事總結說：「情商低，是一個人通往人生巔峰的最大障礙。」

撿最重要的事情做

幾年前，我帶著僅剩的一千元，踏上了開往深圳的列車。

「深圳這麼多同學朋友，還怕活不下去嗎？」我為自己打氣。

剛到深圳，我花了一個星期找工作，每天應徵兩到三家公司，終於拿到了一家文化公司的入職通知書。

為了省錢，我把房子租在了關外，每天搭公車上班。要是錯過了七點的公車，我會直接去坐地鐵。但早上通勤時間是很可怕的，清湖地鐵站人最少，往福田方向越走乘客越多，車廂就越擠。偶爾會看到一些柔弱的女孩或上了年紀的老人，因為擠不出人群而不得不滯留到下一站。

文化公司的薪資待遇普遍較低，所以很多人是衝著一股熱情才到這裡上班的。

公司流行帶便當，同事們早上都會帶個便當來，放在冰箱裡，中午再放到微波爐熱一熱。於是，我也就自然跟著一起帶便當了。起初我以為大家是為了健康才帶便當的，後來才知道和我差不多，主要是因為窮。

不過，既然選擇了做一個「深漂」，我從沒想過打退堂鼓。以我現在的經濟狀況，也只能維持日常開銷，過力所能及的生活，有什麼好委屈的呢？

◇◇◇

後來，薪水漲了一些，我就從同學那裡搬出來，自己租了個小套房。買了吉他、相機，還有許許多多的書；再後來，我跳到了另一家公司，月薪終於破萬，我又買了洗衣機，換了電腦，入手了蘋果手機……基本上一年一個變化，每一個階段都向著我渴望的方向推進，同時，我也從未停止過努力。

我對自己說：「工作是為了可以不工作；拚命工作，是為了瀟灑辭職。」

所以，與其說我在追求更高的薪資，不如說我在為財務自由或者成為一名自由職業者而努力。我並不在乎短期內有多少回報，我只在乎我的付出是不是創造了價值、我的能力有沒有得到應有的提升。

除此之外，吃點苦、受點累、遭點罪，這些都是小意思。

人一旦確立了奮鬥的方向，其他的也就很難干擾到他了，真正能左右他的是智慧，是思想，是鮮活的靈魂。

我的朋友時常斥責我：「你能對找女朋友的事多用點心嗎？」我說：「我覺得我應該對自己再多用點心。」以我現在的能力，還不足以點亮另一個人的人生——過力所能及的生活，有什麼好著急的呢？

◇◇◇

二十七歲的時候，我遇到了女友晨。我們是異地，隔著一千七百多公里的距離，一個月能見一面已經很奢侈了。

第一次來到我的小黑屋，晨很不習慣：「怎麼這麼黑啊？一點光線都沒有；空調也沒有，一點都不通風，熱炸了；你那些衣服，可以全扔垃圾桶了，皺巴巴的；你能不能認真吃飯啊，天天吃速食，哪裡有營養……」待了三四天，晨重複最多的一句話是：「你能不能換個好一點的房子啊？」

我說：「我剛換到這，附近就是科技園區，上班方便。」其實我早就想換了，只是當時貪便宜簽了一年的合約，如果提前搬走要付幾千元的違約金，轉租的話又嫌麻煩。

你看，還是錢的問題。

網路上曾有個話題：以你現在的收入，能過什麼樣的生活？

有個女孩說：「我是『90後』，年薪五十萬元，已經離異，父母雙亡，也不愛交朋友，平時花錢最多的地方就是旅行和慈善——其實蠻孤單的，沒什麼希望。」

另有一位年輕媽媽說：「我已婚，月薪五千元，女兒兩歲，丈夫做生意賠了五十萬，突如其來的厄運壓垮了我們，從前上班開車，如今上班只能騎電動車。」

……

我雖然月薪勉強破萬，但在北上廣深，月薪一萬元能過什麼樣的生活呢？一個人倒還滋潤，兩個人的話基本上就捉襟見肘了。

但為了心中的夢想，我必須承擔起這一切——過力所能及的生活，有什麼好抱怨的呢？

◊◊◊

畢業幾年後，有些朋友信用卡透支了十幾萬，而我一張信用卡都沒辦。每次去銀行的時候，櫃檯人員就苦口婆心地勸我：「辦一張吧，我們現在有很多優惠政策……」

我說我用不著。我是真用不著，因為我不喜歡提前消費，量入為出的生活讓我安心，我知道這有點落伍。

更重要的是，我不想成為生活的附庸。不想被信用卡、房貸什麼的牽著鼻子走。相反地，我要把生活牢牢地掌控在自己手中，去欣賞它、享受它。

如果暫時掌控不了，那我願意再等等，再努力努力，再試試別的辦法。

在這之前，我只過自己力所能及的生活！

熱愛是最好的天賦

「我是一株蒲公英，飄啊飄……」

二〇〇六年，在「××杯」全國中學生作文大賽的參賽作品裡，我這樣寫道。

那一年我上國三，我的國文老師推薦我和另幾位同學代表學校參賽，得知這個消息的時候，我既高興，又忐忑。

但直到交稿前的最後一天深夜，我也沒有寫出一篇完整而滿意的作品。

第二天早自習，國文老師來找我，示意我去教師辦公室寫，不必上課了。

交稿截止時間是中午十二點，還有四個小時，我一屁股坐到一把空椅子上，只感覺周遭的空氣莫名地沉重起來。

知道逃不了了，我只能硬著頭皮，攤開稿紙，奮筆疾書。也不知道是什麼東西刺激了我，思緒一打開如洪水氾濫，差不多一個多小時我就把參賽作品完成了。

心想就這樣吧，雲淡風輕地交了稿。

幾個月後的一天中午，當我經過教學大樓轉角的時候，突然聽到背後有人叫我：

「魏漸，等一下！」

一聽就知道是國文老師，我轉過頭喊了一聲：「老師好！」

「我有一個好消息要跟你說。」國文老師賣起了關子，春風滿面又神祕兮兮狀。

「噢，什麼好消息啊？」

「你猜猜看。」

「嗯，是作文……大賽？」我小心翼翼地猜測。

「對啦，你獲獎了！全校就你一個人得了獎，而且是市裡名次最好的一位！」

「啊？這樣啊……」我興奮得快要跳起來，但理智告訴我要低調。

「獎狀我幫你領回來了，你有空就來找我拿吧。」

「好的，好的！」

……

從那時候開始，我對寫作的熱愛一發不可收拾。

◇◇◇

年初的某一天，有位朋友問我：「魏漸，你寫作多久了？」我掐指一算，竟然有十年之久，把自己都嚇了一跳。

這麼多年來，我一直堅持寫作。國中寫了三年的日記，雖然是為了完成作業，但我樂此不疲；高中依然把這個習慣延續了下來；大學時候開始在網路上發表文章，不少詩文有幸被編輯加入精選推薦；工作以後，我開了自己的微信公眾號，先後有數篇文章廣為流傳。

與正在上大學的弟弟聊起這些事，他對我說：「想不到你這麼懶的一個人，竟然堅持寫作這麼久，說實話，這一點我還真佩服你！」

是啊，我這麼懶的一個人，是怎麼堅持下來的呢？

第一，因為熱愛，所以堅持。

我從小就喜歡看書，上學時愛寫日記，徜徉在文字的世界裡，我感到其樂無窮。多年下來，興趣已經逐漸變成了習慣。老實說，比起說話，我更鍾愛寫作這種表達方式。

第二，投入與產出的良性循環。

從我拿起筆開始寫那一刻，我的「作品」便得到了源源不絕的認可，我的老師、同學、朋友，乃至素未謀面的陌生人，都給過我許許多多的肯定和鼓勵。這是我成長歷程中一件特別有成就感的事情，而且這份成就感一直在加深。

第三，不以「成為作家」為目標。

曾經的我也想過成為一名作家，但後來不這麼想了，如今我的夢想是成為一名「生活家」，寫作只是生活的一部分。寫作是副業，生活才是主業。

第四，不靠寫作吃飯，沒有生存壓力。

孔夫子說：「讀書不為稻粱謀」，我很嚮往這樣的狀態。本職工作足以養活我，我的寫作也就無須承受不必要的干擾，能夠不帶功利目的地做一件事真的很爽。

第五，堅持非正規和非專業寫作。

上大學時，曾聽文學院的一位老師說「純文學都是非專業的」，當時感覺耳目一新。

時過境遷，更是深有感觸：對人對事，有時候保持適當的距離，未嘗不是一件好事。拿寫作這件事來說，科班身分既是利刃，也是鐐銬，而非正規和非專業，或許更容易觸及本質。

二十七歲的這一年，我簽下了人生中第一份出版合約。沒錯，我要出書了。

曾經，我一度以為出書是一個遙不可及的夢，多年後的今天，我倒覺得這一切只是水到渠成、順理成章而已。

這些年，我遇到過很多寫手朋友。那些一心想要賺錢的，都悉數轉行了；那些一心想要成名的，都銷聲匿跡了；那些天賦異稟卻耐不住寂寞的，也大多誤了才華、廢了光陰。

我不是最優秀的，卻傻傻地堅持了下來，也勢必會一直堅持下去。

◇◇◇

有段話說：為什麼成功的人總是少數？因為在成功路上，光說不做死一批，逢年過節死一批，天氣太熱死一批，親人打擊死一批，朋友嘲笑死一批，不愛學習死一批，自以為是死一批。

所以說，「剩」者為王。

很多人都迷信「方向比努力更重要」，其實，你那麼吝嗇付出，怎麼可能找得到方向呢？在這個世界上，太多人既沒找到方向，也沒有那麼努力，就更別提堅持了。

唐人張彥遠有言：「不為無益之事，何以悅有涯之生！」就是說，一生中要做些自己喜歡的事情，它們可能沒什麼用，卻能讓你的生活多彩多姿。

宋人陳師道感嘆：「晚知書畫真有益，卻悔歲月來無多。」可見，一件事有用無用，也並非一成不變。

一個人的價值觀，會隨他的年齡、視野、認知的變化而改變。

年輕的時候，不妨多做一些喜歡的事、無用的事。別總擔心時間被浪費，只要我們把時間浪費在了美好的事物上，我們就不吃虧。

堅持下去，你的「熱愛」自然會長出果子來；不堅持，你的「熱愛」毫無意義。

換個思路天地寬

我無意中看到一篇關於大張偉[5]的文章，裡面有段話令我印象很深刻。大意是說，大張偉用80％的時間來做（綜藝）節目，留給音樂的時間只有20％，把當搞笑藝人的錢都用來貼補音樂，等待證明自己的機會到來。

讀來心有戚戚焉。好像，許多成功人士都經歷過這麼一個階段：在才華撐不起夢想的時候，他們就用工作來貼補自己的夢想。他們之所以繼續工作，純粹是為了養家活口，只有在傾心於夢想之中的時候，他們才能短暫地做回自己。

作家蔣勳在《生活十講》中提到一個現象：很多文學雜誌、報紙副刊的編輯都是詩人。繼而，他提出一個問題：怎麼這麼多詩人都是當編輯的，詩人除了當編輯還會

5　中國歌手、音樂創作人、演員、主持人，曾是花兒樂隊的主唱。

做什麼？

他的答案是：因為詩是非常純粹的東西，大概在詩人年輕的時候，都有一種浪漫的、不食人間煙火的個性，才會去寫詩。所以，詩人要去做現實的工作，應該是非常困難的。

事實也是如此，古往今來，因為生活困頓而陷入絕境的詩人還少嗎？當然，絕不僅僅是詩人。

◊◊◊

大學時代讀到詩人伊沙的成名作〈餓死詩人〉，心中感慨萬千。詩中有這麼幾句：

城市中最偉大的懶漢
做了詩歌中光榮的農夫
麥子以陽光和雨水的名義

我呼籲：餓死他們
狗日的詩人
首先餓死我
一個用墨水污染土地的幫兇
一個藝術世界的雜種……

一個詩人，竟用如此決絕的口吻「詛咒」自己和自己所鍾愛的事業，這得有多悲愴啊！

詩人之外，伊沙的另一個身分是某大學中文系教授。許多年前，他們一群文學青年的人生理想是成為詩人，而伊沙是幾人之中較早實現詩人夢的那一個。

他的同學沈浩波也是一名詩人。不過，對這位同學而言，如今比詩人更加閃亮的身分是磨鐵圖書創始人。沈浩波曾經「棄詩從商」，後來又撿起詩筆，也算是「曲線救國」吧。

伊沙的另一位朋友張楚，是紅極一時的搖滾歌手。二十世紀九〇年代，張楚、竇唯、何勇合稱「魔岩三傑」。但他卻在最紅的時候悄然隱退，如今記得張楚這個名字的人已經不多了。

這些年，他們這群人中好像唯一沒有轉行的就是張楚，不過，混得最「落魄」的似乎也是他。並不是說這有什麼不好，而是說理想和熱情都是有代價的。

所以，在這一點上，張楚是值得尊敬的，因為他用親身經歷告訴我們：在這個世界上，的確有那麼一些人，不願為世俗妥協；在這個世界上，並非所有的堅持，都是為了交換名利。

◇◇◇

記得有一次去看搖滾演唱會，手掌拍上赫然印著一句口號「搖滾不死，青春萬歲」，感覺似曾相識。也不知從什麼時候起，搖滾圈就開始蔓延這種無病呻吟的調調了。

那天晚上，雖然 GALA、蘇見信和許巍在臺上引吭高歌，臺下掌聲如雷，但我心裡還是不由得湧起一陣淡淡的悲涼：藝術最終只有死路一條？

反正我是不信。要讓搞藝術的人賺到錢卻是不容易的，尤其是小眾藝術，這是一個世界性難題。

《連線》雜誌創始主編凱文．凱利就曾說：「任何人，只需擁有一千名『鐵粉』，無論你創造出什麼作品，他們都願意付費購買，便能糊口。」

有個代表性的案例是好妹妹樂隊。這個自稱「十八線藝人」[6]的雙人組合，一位成員曾是插畫師（秦昊），另一位成員曾是工程造價師（張小厚）。

不信，你去翻翻他們的微博，基本上就是兩個段子手的日常。從他們身上你就可以看到：一位藝人，可以有多重身分。搞創作，不妨礙寫段子；追求品質，也不影響大眾傳播；才華可以橫向延展，而謀生亦可充滿樂趣。一個多項全能的藝人，還需要為生計問題發愁嗎？

你看，這世間有那麼多人，扮演著多重角色！而他們之所以活成這樣子，更多是迫於無奈，沒有選擇的餘地！

提到這一點，我就想起了著名畫家黃永玉。黃老應該是中國書畫界藝術價值與商業價值雙高的典範了，而其本人，恰恰是一位不折不扣的通才。

6 指非主流藝人。

◇◇◇

親歷過二十世紀九〇年代的人，都說九〇年代的文化界魚龍混雜、泥沙俱下，但當我們把九〇年代甩在身後，又有人說：「九〇年代是中國詩歌最好的時代；九〇年代是中國搖滾最好的時代……」

你看，人們總是這麼懷舊，總是不厭其煩地推翻自己。

還是狄更斯說得好：「這是最好的時代，這是最壞的時代；這是智慧的時代，這是愚蠢的時代；這是信仰的時期，這是懷疑的時期；這是光明的季節，這是黑暗的季節；這是希望之春，這是失望之冬；人們面前有著各樣事物，人們面前一無所有；人們正在直登天堂；人們正在直下地獄。」

有人問我：「魏漸，你怎麼不全職寫作呢？」

我反問他：「我為什麼要全職寫作呢？」我要全職生活！寫作，於我只是廣闊生活的一個小角落，要是弄丟了生活，寫再多東西又有什麼意義呢？

而我的人生理想不是成為一名作家，而是成為一名生活家。當然，如果能在把生活過得活色生香的同時，順便成為一名作家，那簡直是我夢寐以求的理想了。

但我不會把成為作家當作終極追求，因為我熱愛的不是作家身分，而是寫作本身。

若是不能兩全其美的話，我還是寧願選擇用工作補貼夢想。我並不覺得這樣落俗，反而認為這是一項貼近生活而有意義的使命！

莒哈絲在小說《情人》中有句話：**愛之於我，不是肌膚之親，不是一蔬一飯，它是一種不死的欲望，是疲憊生活裡的英雄夢想**。我很喜歡「疲憊生活裡的英雄夢想」這個描述。

我想說，如果你真正愛一個人，那就在疲憊生活裡義無反顧地追求吧；如果你真正愛一件事，那就在疲憊生活裡從容不迫地堅持吧！

為什麼一定要加上「疲憊生活裡」這個前提呢？因為，世界上並不存在真正意義上的舒適，而生活本身就是一場接一場的戰鬥。平凡人所謂的舒適，不過是疲憊之間的一次小憩而已，小憩結束，我們都得重新投入戰鬥，繼續在茫茫塵世裡奔走。

職場如何交友

我的直屬上司要結婚了，提前一個月發了請帖給全公司的人。

婚禮前一週，某天下班經過我的座位，他又轉頭笑咪咪地對我說：「魏漸，這週日，一定要來哦！」滿面春風又熱情真誠。

我幾乎脫口而出：「好！」

其實，那一瞬間我心裡有些猶豫：我原想包個紅包，人就不去了，現在看來已然不太合適。一次書面邀請加一次口頭邀請，我再推三阻四就太不識好歹了。

為人處世，我的風格一向是：你待我如鄰，我敬你如賓——我對你的態度，取決於你對我的態度，這一次也概莫能外。

◇◇◇

我的上司只比我大兩歲，他做事穩當，待人接物十分得體，而且人特別好。剛來公司的時候，我還沒搬家，住得很遠，每天上下班單程得花一個半小時，而上司則開車上下班。也不知從哪一天起，每次他下班的時候，都不忘對我說：「要不要坐我的車啊？」標誌性的兩眼堆笑。

只要真誠的邀請，我是不會輕易拒絕的。往常搭地鐵的話，我得轉兩次車才能抵達終點。

他家正好離我的轉乘站不遠，每次坐他的車，他就把我放在離地鐵站最近的那個路口。這樣一來，我的通勤時間就縮短了半個鐘頭。

我差不多蹭他的車蹭了一個月，直到我搬到現在的住處。每次下車我都會對他說謝謝，他都不以為意：「順路嘛，小事！」十分瀟脫。

雖然對他來說只是舉手之勞，但我依然心懷感激。畢竟，職場之中，能把你的小事當一回事的人可不多。

◇◇◇

有人常常困惑一個問題：同事之間，到底能不能交心？

或許是在遭遇一些傷害後，很多人對同事關係徹底絕望；或許是看了某些「職場寶典」後，從此對同事關係心存戒備。

長此以往，一些人就變成了職場中的「遊俠」：對誰都照顧，對誰都冷淡；對誰都周到，對誰都敷衍；對誰都萬分客氣，對誰都保持距離。生怕走得太近被人利用，又怕離得太遠遭人暗算。

一位朋友對我抱怨說：「我們公司那些人，太難相處了！你完全不知道他們在想什麼，只有喝醉的時候，他們才會對你說一點真心話……所以，我現在特別懷念大學時代，特別懷念跟同學朋友們在一起的感覺，你不用有所保留，可以毫無顧忌——那種感覺真好。」

我說：「是啊，我也喜歡那樣。」

不過，我並不因此就認為同事之間不能交心。

◇◇◇

事實上，畢業以來，無論我去哪裡上班，都能遇上幾位能夠交心的人。我從不主動排除與任何人交心的可能。

而我交友的方式，也與別人不太一樣。我不喜歡和許多人湊在一起，也很少主動去「勾搭」誰。可以說，我朋友圈的擴張，只有一條路徑：自然沉澱。

我的前室友路先生曾問：「你怎麼那麼喜歡跟老鄉玩啊？」我開玩笑回答：「因為雲南人純樸善良啊。」

倒不是製造仇恨，我只是想表明：我喜歡與純樸善良的人交往。

事實上也是如此，我與一些朋友真的只是見過一次，因為志趣相投就慢慢變熟了，這一點常令我引以為傲。比如楚小姐和浩先生，我們是在一個社群裡認識的，因為彼此三觀[7]趨同，特別聊得來，約過一次吃飯以後便成了朋友，至今依然時不時相聚。

7　世界觀、人生觀、價值觀。

天南海北，共敘一城，何嘗不是緣分？

還有一些朋友是透過文字認識的。我從大學時代開始就養成了時不時寫點東西的習慣，七八年來，也認識了不少人，其中幾位至今依然是我的讀者。陪我一起成長的人，又何嘗不是朋友呢？

當然，這些年遺失掉的「朋友」也數不勝數。有的人，見過一次之後，就從此斷了聯繫；有的人，聊得盡興時高山流水、稱兄道弟，時間久了，也就漸漸淡忘、形同陌路……自知無法避免，也就一切隨緣。

◇◇◇

寫公眾號的時候，時常有人對我說：「我很喜歡你的文章，我會一直關注下去的。」

每次看到這樣的留言，我心裡都是這樣想的：誰也不會永遠喜歡你，總有一天他會取消關注的。

轉念之間，我又安慰自己：那又怎麼樣呢？曾經關注過也是關注。這麼一想，我就不那麼擔心「掉粉」的問題了。

真正喜歡你的人，即便你不發文，他也為你留著置頂；一時心血來潮喜歡你的，即便你天天發文，他遲早也會因為膩煩而取消關注。對於後者，何必在意？

談戀愛、交朋友也是一樣的道理：真正把你當回事的人，自然會對你用心，對你用心的人自然值得信任。這與對方是不是同事有何關係呢？

◊ ◊ ◊

你問我同事能不能交心，我只能告訴你不是不能。如果你囿於成見，對誰都有所保留，別人怎麼可能與你坦誠相見？但你如果對誰都赤子丹心，你確定你的一片丹心夠分嗎？

判斷一個人值不值得交心，首先看他是不是真誠。值得交心的人，一定是真誠的人，真誠是無法偽裝的。

當然，空有一腔真誠也不夠。有的人，初見時確實夠真誠，也特別聊得來，但久而久之你就會發現，始終無法將他歸入可信任的行列，那麼他大概是不太可靠吧。

職場中，不可靠的人可多了。對於不可靠的人，交心就免了吧。人可靠，才可深交；人不可靠，避之而不及，能不交則不交。

不管怎麼說，交友的方法有很多，但交心的方法只有一個，那就是真誠，拒絕套路。當然，完全杜絕套路也不可能，但至少可以確信：真誠和可靠，就是最好的套路。

第四章

核心競爭力：成功的關鍵要素

可靠的工作基本功，你值得擁有

小美在一家創投機構做用戶營運，她說她常常收到一些莫名其妙的用戶留言，比如：「我想創業但又不知道做什麼，我該怎麼辦？」

抑或：「我們做了一個手機 App，怎樣快速擁有百萬用戶？」

最無語是這樣的：「我有一個創意，但沒有資金，你們可以投嗎？」

……

小美每次收到這樣的留言，就回一句話：「把你們的 BP（商業計畫書）傳給我們看一下，好嗎？」

有的人竟然不知道 BP 是什麼：「BP 是啥？我只知道 Beyond 和 TFBOYS。」小美的白眼瞬間翻到了天上……

「咦，怎麼不說話了？快說明一下啊，急！」

小美忍著心中的不快，本著盡職盡責的職業精神，還是耐著性子敲了兩個單詞過去：「Business plan.」

◇◇◇

小美是我的前同事，一年前我們曾在同一家公司共事。

說實話，剛邁進這個圈子的時候，我也不知道BP是什麼，但我在第一天上班時就特地去了解了金融、投資、創業等領域裡許多術語的英文縮寫。

在我看來，這是一種基本的學習能力，但很遺憾，我見過的許多創業者並沒有這種意識。

他們每天工作十四五個小時，忙得天昏地暗，但每逢投資大咖、創業導師親臨各種創業活動時，他們也總有時間去捧場。因為工作需要，我參加過許多這樣的活動，說實話，大部分的活動都沒有太大的價值，完全就是浪費時間。

不少活動都打著「創業」、「投資」的口號，將一群疲憊不堪的創業者和懵懵懂懂的泛創業者集中到某個地下車庫或者創客空間，又是分享經驗，又是打雞血，當然最重要的還是打廣告！

活動結束後，每個人都帶走了座位上的一個手提袋，裡面裝的肯定少不了一疊創業公司的宣傳品、一個印著公司標誌的滑鼠墊和一瓶礦泉水。

◇◇◇

我總覺得，這個世界應該是這樣的：厲害的人做厲害的事，如果你不夠厲害，別瞎裝！

俗話說：沒有金剛鑽，不攬瓷器活，而有的創業者就是因為受了各種創業書籍、影視作品的影響，才走上創業這條路的。上了「賊船」之後，你會發現前也不通後也不通，上也不是下也不是，進退維谷，抱著一個自己視若珍寶而別人不屑一顧的專案茫然無措。

繼續吧，錢燒完了；放棄吧，又不甘心；找錢吧，投資人只看不投；借錢吧，自己已經負債累累了。

不計其數的創業專案就是在苦等投資的過程中被拖死的，難道所有投資人都眼瞎嗎？倒也有純屬投資人眼瞎的時候，「馬雲創辦淘寶時不也屢遭白眼嗎？」許多熱血創業者張口閉口就提馬雲。可是，全世界就那麼一個馬雲呀，快醒醒吧！

無論你是不是千里馬，在遇到伯樂之前都要好好練功。千里馬是不需要求著伯樂賞識的，你有能力自然有人來發掘。

但有多少人是拿著一個商業計畫書就招搖過市四處找錢的？又有多少人會僅憑一個創意計畫就投資你呢？

◇◇◇

許多創業者常常把一句話掛在嘴邊：99％的創業者是以失敗告終的。但在他們的腦袋裡，總將自己放在了那極少數的1％裡。

其實，我很佩服那些想過「1％的生活」之人的勇氣，但願他們不是因為受到陳安妮的漫畫《對不起，我只過1％的生活》的鼓舞才走上創業道路的。在我看來，一個內心脆弱的人根本不適合創業，因為創業是一件需要拚命的事情。

你都沒有做好拚命的準備，又如何從這個滿是「亡命之徒」的人群裡脫穎而出？你在商業計畫書裡描述自己產品的市場有百億千億，但你的公司實際完成的訂單有一萬元嗎？你說你們團隊都是百度、騰訊、阿里巴巴出來的，但有沒有包括大樓裡做清潔工作的阿姨呢？你說你們公司的目標是在三到五年內上市，誰又知道你說的「市」是菜市場的「市」還是菜市口的「市」？……

宏偉的夢想，只有和義正詞嚴的擔當相符才有價值，如果只是想賺點快錢撒腿就跑，那就太低估投資人的智商了，無人問津是理所當然的。

◇◇◇

當然，這些都是非常個別的案例，但又從側面反映了創業圈紛繁複雜、千奇百怪的姿態。

應該說，我見過很多非常有親和力的創業者，他們很少拋頭露面，很少出現在公眾視野，幾乎沒有任何網路曝光，但人家底氣十足，並且已經有多家投資人和他們接洽了。

這才是真正的實力派創業者。

我無意貶低熱衷於自我品牌行銷的創業明星，甚至對於自我品牌行銷，我是極力讚賞的。但是，無論怎麼行銷，都應該是基於實力的行銷。如果你的品牌聲名鵲起，產品卻一無是處，專案注定是見光死。先做好優秀的自己再去見「公婆」，成功率一定會大大提高。

有位從業十年的投資人說：「看專案首先要看團隊，團隊不行，專案再好都不投資。而看團隊又首先看創始人，創始人基本上決定了一個團隊的基因。」

對於那些看別人創業自己也蠢蠢欲動的「泛創業者」們，或許可以重新審視一下自己適不適合創業。別看這人拿了三百萬元、那人融資了一千萬元就眼紅，人家拿到資金必定是有原因的。要麼是人家非常有實力，要麼是人家有天賦，要麼人家有資源、管道，要麼人家有原始積累……你有啥？

「我有一個很棒的創意……」

「你走！我不想跟傻子說話。」

高難度的工作是一種餽贈

某次我參加了一個創客路演，一位創業者帶來一項很有創意的硬體產品。這項產品是「門禁＋呼叫系統」的升級版，訪客只需在入口處點擊按鈕，就可以直接呼叫想找的人，得到被訪者的同意就可以對其開放門禁。該創業者揚言，這項產品將直接取代多數公司普遍擁有的一個職位——櫃檯接待人員。

他的理由很直接：一個公司同時養著幾個接待人員太浪費了，接待人員的工作沒什麼含金量，可以用技術取代，使用這項產品每個月至少能為顧客降低一兩個人的人力成本。

「這些職位就應該被取代，簡直就是浪費青春！」在場的投資人和創業者紛紛附和，有點義憤填膺的感覺。正常情況本應該評估專案的，話題卻不知不覺被帶跑了。

我曾試著和一位年輕的保全聊過，問他為什麼從事保全這份工作，他說：「因為沒讀書，也做不了別的。」

前些天認識了一個女生，畢業不到一年卻換了很多次工作，做過客服、行政、編輯，如今在一家金融公司做電銷，入職不到一星期。

她說她現在每天晚上加班到十點，工作內容就是一個接一個地打電話，經常被客戶罵，每天都好像在做無用功，想換工作又不敢，但是真的扛不住了。

我就問她：「你才工作了這麼幾天就要換，那當時為什麼要選擇這份工作？」她答案：「專業沒學好，別的什麼也不會。」

她說她想找一個輕鬆一點的工作，薪資低一點也沒關係，她擔心應徵時會被認為不知天高地厚。

◇◇◇

我舅舅三十五歲的時候，遭遇了一些打擊，整個人就萎靡不振了，覺得生活沒希望，想死。有一次，我們一起去逛街，走在寬闊的大馬路上，他說他想衝到馬路上被車撞死，一了百了。當時我就被嚇到了，趕緊抓住他的衣襟。

他的遭遇在我看來都是自找的，他卻從來不從自己身上找原因，總是覺得時運不濟、懷才不遇。他年輕時喜歡畫畫，夢想有一天能夠加入市美術家協會，但幾乎每次向各種大賽的投稿都被拒了，唯一一次獲獎是鎮文化館的書畫大賽三等獎。

小時候每次去他家，他就向我炫耀自己的「光榮成就」，說自己是知名畫家，一幅畫能賣幾萬元，有許多人向他索畫。但據我所知，十幾年來除了偶爾有人請他畫一下灶王爺，並沒有什麼達官貴人、富商巨賈買他的「大作」。

總之，他生活得很不如意。

後來他放棄了當畫家的夢想，四處借錢承包了一片山地，開養雞場，不幸卻遭遇了禽流感，上萬隻雞全死了，欠下一屁股債。再後來，又跟人合夥開棋牌室，做大爺大媽的生意，開到最後連房租都成了問題，至今還是孑然一身。

他最穩定的一份工作就是保全，為一家電商公司看管倉庫，已經五年了。平時有事沒事跟鄰居老大爺下下象棋，夜深人靜的時候依然揮毫畫上幾筆，倒也悠閒。

有一次我問他：「你就準備這樣過一輩子了啊？」

他苦澀地笑笑：「還能怎樣？」

近五十歲的人了，我也不好再說什麼。

◇◇◇

我並不想去討論不同職業的價值問題，畢竟每一種職業都必須有人去做；我也無意貶低任何一個從事底層工作的人，因為在我眼裡職業無高低貴賤之分，但我想說說職業對一個人成長的影響。

步入職場的這幾年，我從沒想過要找一份輕鬆的工作。事實上我做過的幾份工作，也確實沒有哪一份是輕鬆的，甚至有的艱苦得讓你無法想像，但我從來沒有後悔過，我總覺得那是一份饋贈。

因為，我總能從辛苦的工作中收穫我想要的東西，或者出其不意地接觸了我從前不敢想像的事情，那種感覺妙不可言。

也許我注定是一個苦命人吧，我總覺得自己的人生不應該太輕鬆，至少現在還不到輕鬆的時候。也不知道是什麼東西讓我產生了一種自我折磨的執念，很堅定，我也時常能夠從這種自虐中體會到自己的存在感。

上週跟一位創業公司的執行長聊天，他的一句話讓我印象深刻：**成功者都是不正常的，太正常的人難以成功。**

突然有種惺惺相惜的感覺。

這位創業者就是一位特別能熬的人，那一天他帶著公司的兩位員工，我們一行四人談專案談到晚上十一點半，我算是真真切切地體會到了一個人對事業的堅持和對理想的篤定，那種能量超乎我的想像。

◇◇◇

以我目前的工作來說，也並不輕鬆，每次採訪完一個人就得出一篇稿子，僅整理錄音這件事就會折磨得我抓狂。要是碰上採訪對象完全沒什麼亮點，我還得幫他尋找亮點。

但這就是我工作的常態——以腦洞換食糧，你能說輕鬆嗎？

如果你做一件事感到無比輕鬆，那麼有一種可能就是事情本身的價值太低，另一種可能就是這件事不足以激發出你的熱情。你知道，如果你不考慮成效，再難的任務也是可以草草了事的。

如果真是那樣的話，你可以換工作了。蠻慶幸的一件事就是，這些年每一次找工作我都沒有把薪水放在第一位，家裡人除了偶爾叮囑我注意存點錢外，並沒有對我施加太多壓力，所以我能夠不斷嘗試尋找自己真正喜歡的職業。

我的爸媽曾鼓勵我去當老師、考公務員，但在我的堅持之下，他們也沒有太反對我的決定，甚至到如今已經變成了鼎力支持。而我也徹底與所謂的「鐵飯碗」漸行漸遠，再無高枕無憂、穩穩定定的可能了。

我並沒有對自己目前的境遇有多滿意，但我確信我不想讓一份清閒的工作毀了自己。或許我目前做的工作也並不值得稱道，但對我而言，每做一件事都是一次自我歷練。

我珍視每一次自我提升的機會，我確信自己是一塊金子，終有一天會發光，也就不那麼在意。所以，**現在的我沒有任何抱怨，只想安安靜靜地集聚能量。**

打造核心競爭力，和平臺互相成就

剛來深圳的那一年，我住在梅林關附近，每天七點零五分，我都會準時出現在公車站排隊等車。

每天八點半上班，車程大約三四十分鐘，到公司或早或晚，主要取決於路上是否塞車。

有一天，當我正要穿過人行道的一瞬間，眼前突然竄出一輛公車，幾乎是貼著我的臉呼嘯而過的，嚇得我兩腿發麻、心臟狂跳，暗暗慶幸自己命大。

後來換了個住處，改搭地鐵。於是又開始了另一種上班日子。我住的地方有四號線穿過，這是深圳最擁擠的一條路線。

然而，地鐵上的驚險也絕不亞於公車，幾乎每一天都在上演「虎口拔牙」的戲碼：車門剛一打開，站在前面的人只感覺到背後一陣巨大的推力，旋即就被送進了車廂，狠狠地撞在前面的乘客身上，後面的力量還在延續，直到把你擠成肉餅，再也沒有一點空隙。

有好多次，我都被滯留在月臺上，見過被車門夾住半個身子的匆忙上班族，他們一臉淡定地望著車門再次緩緩打開。我心想：「要是此時車門壞了怎麼辦？要是列車突然發動怎麼辦？」想想都覺得可怕。

所以，我寧願每天早起幾分鐘，多等幾趟車，也不願去搶那三五分鐘！為了幾千元的月薪，天天冒著賠上小命的風險，不值得！

◇◇◇

與朋友聊起上班途中的窘態，朋友開玩笑說：「人生80％的煩惱都是因為窮！」明知這是句廢話，還是覺得有些可笑。

每天在路上奔命的時候也會想：「不然租個近一點的房子吧！」但隨即又打消了這個念頭：「能省點就省點吧！」還就是錢的問題！

年底，我換了份工作，原先的住處離現在的公司實在太遠了，每天來回至少要耗費三個小時。過完年回來我就一直在謀劃搬家的事，如今我可以每天騎十分鐘的自行車去上班了！

只是，每個月的房租開銷增加了三分之一，且居住條件也沒有以前的好了。搬過來那天，我在微信朋友圈向朋友們「報告」了一下這件事，未曾料想，評論中竟有那麼多人不約而同地說：「時間比金錢更重要，值！」

想想也是，一天多出三小時夠我做多少事情啊！即使什麼也不做，起碼也保證了我的休息時間。

最最重要的是，我不需要每天「提著腦袋」去上班了！

然而，當我看到某些人每天不要命地通勤上下班，卻是去公司混日子，又不禁懷疑起上班這件事的意義來。明明在同一家公司（甚至同一個職位）上班，有的人在賺到錢的同時，還賺到了能力；也有人不但錢沒賺到，還白白浪費了自己的青春。

差距怎麼就這麼大呢？

◇◇◇

朋友對我說：「想要賺大錢，一定要創業。」

我何嘗不知道創業能賺大錢呢？只是我更清楚：現在的自己還只能賺小錢。不是我目光短淺，只是我選擇了腳踏實地。

我之所以還在上班，是因為上班這件事能帶給我能量。這份能量包括技能的提升、經驗的累積、人際關係的拓展等，而這些遠比那幾千元薪水重要得多。

在此之前，我所有的努力都是為了讓自己成為一個有競爭力的人！不是為公司，只是為自己。這聽起來有些自私，但事實上，這對公司和個人來說卻是雙贏：我竭盡所能為公司創造價值的同時，就是利用平臺提供的機會打磨自己！公司買斷了我的時間和勞動成果，而我在創造價值的過程收穫了薪水和技能。

而當你在混日子時，表面上看是公司蒙受了損失，但損失最大的還是你自己，大好青春豈是幾千元能買得到的呀！

◇◇◇

畢業後的第一個十年，是人生的黃金十年，也是一個人爬坡向上的階段。這一階段，你可能在物質上一無所有，但卻擁有無限的可塑性。在這一段黃金時間，甘願讓自己中止成長，顯然不明智。

生活不易，一個人在異鄉打拚更難。誰不想早點功成名就、衣錦還鄉呢？然而，現實終究是殘酷的，你很難在只搭得起公車、地鐵的情況下，去租一個市中心的房子；你也很難在只吃得起十元便當的情況下，天天去吃大餐。

但是，一個人無論如何也不能容忍自己在吃了那麼多苦之後一無所獲。

讀書不是沒用，是你不會用

朋友在一所貴族學校當老師。某天，我們相約一起吃飯。席間，聊起了各自的工作，他情不自禁地感慨：「我們班那些小孩太幸福了，小小年紀就周遊世界——美國、英國、加拿大、澳洲……全去過，他們見過的東西比我還多，而我只能唸唸課文給他們聽，有時候真擔心控制不住場面啊！」

朋友來自農村，讀書的時候拚了命才考上一間不錯的學校，是他們村裡第一位大學生。畢業時，大家各奔東西，他選擇了深圳。因為他覺得深圳機會多，年輕人就應該到這樣的地方去。

然而，三年過後，他和我一樣，還是一無所有。在這裡奮鬥一輩子，也不見得能夠買得起一套房。於是，朋友將婚房買在了老家。

他已經想好了，在不久的將來，他一定是要回老家的。「留在深圳，是因為老家的薪資待遇沒那麼好，背著近百萬的房貸，壓力太大。」朋友說。

在大多數來自農村的年輕人眼裡，這座城市就像一塊跳板——跳上去了是富足、榮耀和自由；跳不上去，老家還有一塊地、幾頭豬，只要不懶也不至於餓死。

怎麼都有點賭一把的意味。

◇◇◇

曾有一篇文章叫〈我奮鬥十八年，不是為了和你一起喝咖啡〉，其實，對很多人而言，奮鬥十八年甚至一輩子恐怕也達不到與某些人一起喝咖啡的高度——跨越階層遠遠沒有想像中那麼容易。

但是，跨越階層的努力毫無意義嗎？也不是。我們常常不由自主地以功利主義的心態衡量自己的付出與收穫，看著同年齡的人一個又一個走到了自己的前面便心急如焚：我已經這麼努力了，為什麼還不成功？

可是一想到某些人，比如褚時健九十歲了還在種柳丁，我們的焦慮又算得了什麼呢？

如果單純從賺錢的角度說，我回家也不見得比在大城市賺得少。舉個例子，家門口的店鋪林立，許多外地人賣包子都能養活一家幾口人，我為什麼不能？更何況，我又不懶，只不過選擇了一條與常人不太一樣的路。

我以我的生存方式，吃得飽穿得暖，在一定程度上還能做自己想做的事。長此以往，我相信我一樣能走上幸福的康莊大道。

◇◇◇

在老家，我的許多同學已經成家立業了，其中一些人活得還不錯。

當年讀書的時候，我成績比他們好，一路升學直至大學畢業。如今站在他們中間，可以說，我幾乎是最普通的一個。每次相約吃飯，不等我掏錢，他們已經把單買了，我都不好意思去搶。

但我從來不覺得這有多麼難為情。我很清楚，學歷和收入成正比的時代已經過去了，而我讀了這麼多年的書，也不完全是為了賺錢。我的大學生涯，除了給予了我一紙畢業證書和學士學位證書外，還給予了我很多成長和歷練。而這些，才是我人生中最寶貴的財富。

當他們不得不為了柴米油鹽忙得暈頭轉向的時候，我還能坐下來看看書、寫寫字、聽聽音樂，想來也是令人欣慰的。沒錯，這一點都不高級，但起碼我還擁有一定的選擇餘地。

讀書的人與不讀書的人，在某些方面還是不大一樣的。

從短期來說，不讀書的人可以身體力行地去經歷世間百態——這固然深刻，但終究是有限的。而讀書的人則可以借助別人的眼睛看世界，視野更為開闊，至於人生閱歷，完全可以用時間去補足。

一個人接受教育的黃金時期也就那麼幾年，一旦錯過，將來想要彌補回來就太難了。西漢大學者劉向有言：「少而好學，如日出之陽；壯而好學，如日中之光；老而好學，如炳燭之明。」

如果沒有把握住精力最旺盛、腦力最強健、時間最充裕的人生階段，一個人的精神世界就基本上定型了。

一個人在這個城市，奮鬥了許多年依然買不起房子的現象太正常了，大可不必懷疑人生。

北上廣深，只不過是一種生活方式，你不是非要來，也不是一定得留下。生活生活，就是「生下來，活下去」而已——只要自己活得好，在哪裡不都一樣嗎？

一個人的青春，總是要獻給某個地方的，無論城市，或是鄉村。沒有什麼值與不值，選擇不同罷了。如果你選擇了城市，那就適應城市的叢林法則；如果選擇了農村，那就習慣鄉土生活的樸實。東坡先生有詞云：「試問嶺南應不好，卻道，此心安處是吾鄉。」只要心安，哪裡都是故鄉。

人生中的前二十年，我們讀了那麼多書。我相信，絕大多數人還是希望自己的知識和才華能夠有用武之地的，所以，我堅信去大城市的決定沒有錯。

◇◇◇

但是，我們應該換一種思考方式，重新審視我們的教育。

讀書一定可以改變命運嗎？學歷這本通行證真有那麼了不起嗎？莫非，我們花十六七年甚至更多的時間接受教育，就是為了最後能夠找一份體面的工作？

我總覺得這樣的追求很低級。

三百年前，雍正為鼓勵皇子們讀書，寫過一副對聯：「立身以至誠為本，讀書以明理為先」，為後世所傳頌。南懷瑾先生也曾說：「讀書是為明理，而非謀生。」

但越是到現代，我們對讀書這件事的認識就越糊塗。

我們所處的時代極其浮躁，而越是浮躁，我們越是要避免捲入人云亦云、渾渾噩噩的漩渦中。

誠然，如果社會對教育的認知再開化一點，年輕人的壓力也不至於像現在那麼大。但如今我們既已深處漩渦之中，就不能因為著急而亂了陣腳。

當你在讀書的時候，你那些不讀書的同齡人已經開始賺錢了；當你開始工作的時候，你那些不讀書的同齡人的收入已經比你高很多了。沒錯，讀書的人，他們的人生比不讀書的人看起來總是要慢半拍。但相信我，若干年後，讀過書的人整體上（非絕對）會追過沒怎麼讀過書的人。事實上，預支了青春去賺錢，與將青春用來充電而厚積薄發，能量是守恆的。

那麼，你還為同年齡的人過得比你好而焦慮嗎？每個人都有自己的軌道，每個人都有自己的行程。

只是不同的軌道，有不同的風景，不同的行程，亦有不同的艱辛和犒賞。

畢業前五年，比理財更重要的是理才

一位高中老師對我說，畢業十年來，她最後悔的一件事就是當初太省錢了，因為初入職場時省吃儉用一個月存下來的錢，還不如現在講幾堂課的報酬。

「如果當初用那些錢來投資自己，說不定已經實現財務自由了。」她感嘆道。

然而，當時的她根本沒有這種意識。在最艱苦的日子裡，她想得更多的是省錢、存錢，以備不時之需。

那時，她在一所國中當班導。雖然工作安穩，開銷不大，但還是沒有安全感。因為，新老師的薪資普遍不高，東扣西扣也就兩三千元的樣子。

而十年後的她，已經是省內小有名氣的教師了。除了學校分的房子，自己還買了一套。老公事業有成，兒子在重點國中讀書，無論哪一方面都已今非昔比。

初入職場那幾年，更多是以時間和精力來換金錢，有時候連養活自己都很勉強。而十年後的今天，獲取報酬靠的是本事、經驗、人際和個人品牌。顯然，兩者的回報不在同一個層次上。

◇◇◇

前段時間和一位精明強幹的「90後」程式設計師閒聊，我問他：「你們是不是經常加班啊？」

「每天加班兩三個小時吧。」

「很忙，還是？」

「其實也不算很忙，我們公司是做硬體的，軟體的更新沒互聯網公司那麼頻繁。」

「那為什麼總是加班呢？」

「因為下班回家也沒事做，待在公司還有五十元的加班費。」

我一臉疑惑地看著他，欲言又止。因為我寧願在業餘時間去「投資」自己想做的事。

我有一位做牙醫的朋友，前五年為了修練技藝吃盡苦頭，幾乎沒存到什麼錢。賺來的一點報酬，全部都拿去自我提升了。學成之後，他回到二線城市開了自己的牙醫診所，到第七年的時候，事業已小有所成了。

明朝開國皇帝朱元璋曾是一介草民，當他起兵攻打下南京之後，謀士朱升為其制定了一條九字方略：高築牆、廣積糧、緩稱王。大意是：在保證大後方穩固的前提下，不斷發展、壯大自己的實力。1352—1368 年，朱元璋攻城陷地、收服人心，終成一代雄主。

你看，根扎得越深，後勁越足；基礎打得越牢，未來的發展空間越大。

◇◇◇

理財的前提是有「財」，即原始累積——起點越高，技術越精，越容易賺到錢。

成功的前提是有「才」，即出類拔萃——能力越強，本領越大，越容易有所成。

窮人與富人的差異就在於：要麼是原始累積，要麼是個人能力，富人總要高出窮人一個段位，這是貧富差距越拉越大的重要原因之一。

對於大多數普通年輕人而言，累積的重要性遠大於變現。盲目地奔著高薪跳槽，盲目地追逐風口創業，不見得是什麼好事，尤其是畢業前五年，個人認為理才比理財更重要，成才比成功重要，所以我說：「要理財，先理才；要成功，先成才！」

成功，就是把一件事做到極致

外公已經九十多歲了，身體卻非常硬朗，幾乎從不生病，即使偶爾感冒，吃點藥就好了，從來沒進過一次醫院。雖然這麼大的年紀了，卻一刻也閒不住，每隔一段時間，他就扛上彎刀、帶上麻繩上山砍柴。那些年，農村都用柴燒火做飯。

外公砍柴很挑，只要粗的，細的都不會多看一眼。他把一根根腳腕粗的樹枝砍下來，剔掉枝葉，用繩子捆成一捆，拄個破棍子，踉踉蹌蹌地背回家。每次聽到樹枝摩擦鐵皮門的聲音，我就知道一定是外公回來了。

媽媽總是擔心老人的安全，不讓外公上山，但他總聽不進去，怎麼勸也不管用。一年四季，家裡堆放柴禾的屋子總是滿滿的。

除了砍柴，外公還編草墩、搓麻繩。小時候，老家堂屋[8]的二樓總是層層疊疊堆滿嶄新的草墩，堂屋門邊常常掛著粗粗細細、長長短短的繩子。家裡的坐具從來不會短缺，扁擔的皮條也從不用買。外公手工打造的東西，比市面上賣的還要好用，所以村裡的人常常請他幫忙。

在我記憶中，外公一點也不服老，很多事情做得比年輕人還好。記得早先家裡還種地的時候，外公的鋤頭是「專用」的，外形要比普通的大一圈。而且，他對自己的鋤頭視若珍寶，每次鋤地前都要用水浸泡，鋤完地回家，一定用水把它沖洗得閃亮如新。

可以說，外公是我所見過最「強悍」的老人。

◇◇◇

因為工作的關係，我遇到了另一位令人尊敬的老者——貓王收音機創始人曾德

8 又稱客堂，中國傳統建築中的禮儀空間，通常位於房子中間。

鈞。這位被譽為「中國膽機之父」的音響專家，已經年過六旬了，卻依然活躍在創業前線。

以前，我只是聽說過這款頗有情懷的收音機，但從未想過與其創始人產生任何關聯。見到本人那一刻，我感到有些意外，本以為他會西裝革履、盛裝打扮出席活動，沒想到他馬褂加身、挺著個肚子就來了，看起來就像個農村老頭。

但一聽他講述自己的過往，我突然覺得人生還有另一種活法。曾先生當了二十七年兵，在部隊裡自學成才，成了通訊工程師，幾十年間，他從未中斷對音響的研究與熱愛。如今本該盡享天倫，他卻不忘年少初心，要做一款空前絕後的收音機。

就這一點，足以令我汗顏。回想自己也曾熱衷過許多事情，卻很少有能夠堅持下去的。

活動結束後，我送他離開。他打開最新款的蘋果手機，用滴滴叫了一輛車，我再次驚呆。因為，我從沒見過年紀這麼大的人玩互聯網產品這麼溜的。不僅如此，他還說他常聽搖滾、民謠，喜歡崔健、莫西子詩等。

我不由得感嘆：「年輕人玩的東西你好像一個不落啊？」他樂呵呵地說：「年輕人就要有朝氣，不要像個老頭似的；老不是年齡的問題，心態年輕，就永遠年輕。」

◇◇◇

曾幾何時，我也是急躁的人，想到什麼不立刻去做，對我來說就是一種煎熬，但事實證明，很多事情我越著急就越做不好。究其原因，主要還是火候不夠。

我學過很多東西，但大多是淺嘗輒止，新鮮感過去就不了了之了。真正到了用這門技能之時，發現自己是「半瓶醋」——這也搞不定，那也完不成。

更可笑的是，在這麼多年裡，我也不知道從哪裡來的自信，一直覺得自己將來能做大事。這種盲目的自信，讓我對很多事情都抱有不屑的態度——這也浪費時間，那也不值得做。結果是，空想多於實踐。

上大學的時候，有一段時間，我對大學生活已經到了深惡痛絕的地步，就想立刻離開學校投入社會。我每天都強烈地意識到自己在浪費時間，無法專注於那個階段應該做的事——學習。

可是等我真正出社會、進入職場後，才發現生活一樣是瑣碎、繁重、重複的，與校園生活並沒有本質上的不同，倒是當年，該學的東西沒學、該做的事沒做、該掌握的技能也沒掌握。

曾經「胸懷大志」，如今看來不過是一廂情願的「胡思亂想」。我總覺得時間被浪費，事實上，糾結於時間被浪費這件事更浪費時間，當別人都把時間用來做我認為沒意義的事情時，我不過是把時間浪費在糾結「如何不浪費時間」這件事上罷了。殊不知，這樣同樣浪費了時間。

◇◇◇

時常有一些「90後」、「95後」對我說「我老了」，一問年齡，比我還小好幾歲。以前我也會這麼感嘆，但現在我不敢輕易這麼說了。雖然在「90後」裡面，我確實夠老，但一想到那些八九十歲的人，這麼說我覺得很不好意思。

年少時胸懷大志，本來是件好事，但理想太多、野心太大，也是極其有害的。想得太多，必然占據用來付諸行動的時間和精力，而成功從來都是做出來的，不是想出來的。

我的外公是普通人，當了一輩子的農民，他的一生並沒有取得多高的成就。事實上，大多數人的人生也是這樣，只是不見得每個人都能把生活過得那麼認真。

曾先生早已是功成名就了，可以說比絕大多數人都成功，但他卻能夠為自己鍾愛的事業堅持幾十年，也不見得每個人都能這麼執著，這是一種奮鬥至死的人生態度。

有時候，我也在想，如果找到自己真正喜歡的事情，一輩子就做一件事，也不失為一種成功。比如，鐘錶匠，一輩子修手錶；陶藝師，一輩子燒陶瓷；就像《壽司之神》裡的小野二郎那樣，就做壽司，一輩子做壽司，把壽司做到無人能敵……

可惜，絕大多數年輕人並不具備這種拚到底的精神。

◇◇◇

當我看到那些比我年長的人比我還執著，比我優秀的人比我還勤奮，比我資深的人比我還認真的時候，我蠻慚愧的——二十幾年，彷彿白活了。

我換了很多家公司，做過很多種工作，探索過很多個領域，卻始終沒有在一個點上做到純熟。

口口聲聲宣稱喜歡嘗試新事物，不過是找了個冠冕堂皇的藉口三心二意罷了。東忙西忙，成天瞎忙；左急右急，純乾著急。看上去很努力，不過是換了種方式自我麻痺。

身邊的人都在催我們，我們自己也催自己：這個年紀，該結婚啦；這個年紀，該生孩子啦；這個年紀，該安安分分上班啦……潦潦草草地開始，又杯盤狼藉地結束，時間與精力全耗費在無謂的掉頭與轉彎上了。

沒錯，我們是奔三的人了，即使是一輛破車，也該駛上快車道了，但路是我們自己的，路人的叫嚷聲再響亮，始終不是司機。坑坑窪窪，只有車上的你自己能體會；溝溝坎坎，只能靠駕車的你自己去規避。

在人生這條馬路上，我們還是新手，用不著以生命為代價對任何東西下賭注。我們還有時間去掌握技能，我們還有時間去磨練意志，我們也還有時間去累積經驗……畢竟，人這一輩子，比刺激更重要的是舒適，比速度更重要的是平穩。

當所有人都在催促的時候，我們更要提醒自己：開得慢一點，走得穩一點；看得高一點，行得遠一點。

做什麼事都不能太著急，急有什麼用呢？文火慢燉、細水長流，或許更貼近奮鬥的本質。

聽說，你想做一名自由職業者

一位一九八七年出生的人對我說：「魏前輩，我在中石油、中石化等國企都待過，感覺都不適合自己，現在想辭職去做一名自由職業者，平時做做兼職，有空閒寫寫稿子，你覺得怎麼樣？」

看到「魏前輩」這個稱呼，我噗哧一聲笑了，不由得感嘆：「原來我在大家心裡這麼老啊。」不過話說回來，雖然我心智年齡比較大，但也勉強還是個「90後」，他問的問題幾年前我還真想過，可惜我一直是一個非自由職業者，也暫時沒有去做自由職業者的打算。

前幾天，一位知名作者發微信朋友圈說，她去某知名互聯網公司面試失敗了，正在考慮要不要成為自由職業者——全職寫作。我一直有留意她的文章，每篇的閱讀量都有好幾萬，單篇文章打賞都有幾十個，比我厲害多了，心裡暗暗羨慕。

原諒我沒有成為自由職業者的規劃，因為直覺告訴我：如果我全職寫作，一定會餓死的。

◇◇◇

老實說，我是蠻羨慕自由職業者的，光「自由」這個詞就足以讓我意亂神迷。每每提到它，我就想唱許巍的〈藍蓮花〉：「沒有什麼能夠阻擋……」不過，要成為這個群體中的一員，太難了，至少目前的我不適合去做一名自由職業者，理由如下。

第一，火候未到。

我雖然寫了這麼多文章，也得到了很多人的肯定，但我一直認為自己是個「菜鳥」。欲戴王冠，必承其重，當下的我並不具備撐起「自由職業者」這頂帽子的能力。

第二，自由職業者的不自由。

不得不說，有人把自由職業者想得過於美好了。作為一個資質平庸的非自由職業者，我想告訴你：別只看賊吃肉，看不到賊挨打。

羨慕人家開新書發表會的風光，也要想像一下通宵達旦搞創作的艱辛；羨慕人家遊山玩水的愜意，也要想像一下人家絞盡腦汁創作好內容時的痛苦。

第三，沒有金剛鑽，別攬瓷器活。

不可否認，那些像風一樣自由的自由職業者必定都是有一技之長的。捫心自問：你的一技之長是什麼？知道差距才能找準自己的方向。

◇◇◇

恕我直言，大多數幻想做自由職業者的人，本質都是妄圖逃避現實。因為在職場上不如意，所以產生了逃離的念頭。

但事實上，為了逃離職場而走上自由職業者道路的，往往也不會活得太好。因為，自由職業者將要面對的競爭，可能比非自由職業者更激烈。高階的自由職業者，通常已是某領域專家了，個人品牌足以驅動自己的事業，這才放棄本職工作的。兩者的差別太大了，一種是走投無路勉強掙扎，一種是順其自然和平過渡。

縱然偶有天才遺落凡間，非得成了自由職業者才能大展宏圖，但絕大多數時候，恐怕是凡人想上天、庸才欲登仙。所以，對於消極避世求解脫的職場失敗者來說，自由職業者不一定是好的歸宿。更好的選擇是：先變得專業，再去追求自由。

練好一身本領，還擔心不自由嗎？你不自由，是因為你弱！

那些不動聲色搞定一切的人到底有多酷

暖是我的朋友，一個自帶光芒的知性女孩，生在教師家庭的她，從小就養成了特立獨行的習慣和落落大方的氣質。

她大學是學法律的，畢業後卻成了一名人事經理。從初出茅廬的人事專員，到某知名金融公司人事經理，暖用了五年。最近大老闆找她面談，有意升她為公司人力總監。暖應該是同一批員工中發展得最好的一位了。

一個非名校出身的文科生，沒背景、沒關係、沒資源，全憑一己之力贏得今天的一切，令人讚嘆。

在得知她升職後，我認真地問她：「你覺得自己一路平步青雲的祕訣是什麼呢？」

「本事！」暖神祕地笑笑，「沒有金剛鑽，不攬瓷器活。」

在我的一再追問下，暖才道破了自己一路「開外掛」的原由：「大學畢業後，我進了一家小公司，花了整整兩年的時間來掌握人力資源六大能力（人力資源規劃、招聘與配置、培訓與開發、績效管理、薪資福利管理、員工關係管理），別的人事經理可能只會做其中一兩樣，但六個我都做到了純熟。從專員到主管，我用了兩年；從主管到經理，我又用了兩年——畢業五年，我只換過兩家公司。」

看吧，真正厲害的人，誰沒兩把刷子呢？活好、技精，人生的路才會越走越寬。

◇◇◇

我認識一位頻繁換工作的「90後」設計師朋友。

剛畢業兩年的他，天天嚷著要找月薪兩萬的工作。在我們相識的半年裡，他至少換了三份工作，但每一份都沒有通過試用期。

每一次離職，他都美其名曰「和平分手」，轉而又抱怨上班的公司這不好那不好——老闆摳、同事坑、錢少事多、沒意思……

平心而論，我不認為這位朋友比同齡人優秀多少，也不知道他哪裡來的自信……而我一位關係特別好的兄弟，去年研究生畢業進入騰訊，起薪才八千元，每天上午九點半上班，晚上十點半下班，這樣的工作強度一般人受不了的，他卻咬著牙關兢兢業業做了一年。

某天聚餐，他問我們：「公司就要調薪了，你們說，我要不要跟老闆提一下加薪的事呢？我這個職位，社招都是一萬五千元起，我是校園徵才進來的，做的事一模一樣，卻只有一半的薪資……」

我開玩笑說：「說不定你們老闆早就把你列入主要調薪名單裡了呢。」

我這麼說也不是信口雌黃，事實上，他這個職位要求特別高（至少需要四種技能：精通英文、熟悉金融行業、會寫文案、能播音），短期內想找一個替代的人太難了。

後來，朋友還是忍不住向老闆提了加薪的事。老闆跟他聊了很久，重要的幾句大概是說：「你的努力我都看到了，其實不需要你提，我早就把你列在加薪名單裡了。」最後還語重心長地送了他八個字：「但行好事，莫問前程。」

事實上，老闆給出的調薪幅度比他想要的高得多，近乎翻倍了……

◇◇◇

那些看起來光彩奪目的人，誰沒有幾把刷子呢？**你看人家舉重若輕，其實人家早就不動聲色地把該做的事做了，把該吃的苦吃了，把該流的汗流了，把該付出的都付出了——從容，只是提前付出換來的一絲犒賞而已；放鬆，也不過是忙中偷來的一點閒情罷了。**

時常有一些年輕人來問我：「魏老師，如何才能快速賺到更多錢？」我說：「如果你想賺錢，那先去練賺錢的本事；你想賺錢，首先你得讓自己值錢。」

《史記・貨殖列傳》中有句話說：「無財作力，少有鬥智，既饒爭時。」說的是商人興發家業的三個步驟：一窮二白的時候，先憑藉自己的勞動去賺取人生第一桶金；當小有資產的時候，應該靠智慧來拓寬賺錢的管道；當你已經很富足的時候，要善於抓住有利時機。

捫心自問：你處於什麼階段呢？

沒有王思聰[9]那樣的富爸爸，就別指望擁有五億創業啟動資金；沒有馬雲那樣的遠見，就別指望「十八羅漢」[10]鞍前馬後地為你效力。你只有你自己，你得用辛勤的勞動養活自己，安好身立好命，再透過智慧去賺錢，當你有了一定的原始累積和人生經驗後，才有可能賺更多錢。

世上哪有飛來的橫財，飛來的通常是橫禍。別總覺得發展得好的人命好，那是因為人家工作能力強，或者不光命好而且工作能力強。

你命不好，工作能力又差，還指望一飛沖天、大紅大紫，那不是癡人說夢嗎？

9　前華人首富、前中國首富、萬達集團創始人兼董事長王健林的獨生子。
10　阿里巴巴的十八位創始人。

第五章

人生合夥人：成就更好的彼此

不是所有的相親都必須有結果

我沒料到，我媽對我的個人問題已經急迫到要騙我去相親的地步了。在聚會的飯桌上跟許久未見的老同學講起這件事，他們笑到腰都抬不起來了……

單身這麼多年，我還沒意識到結婚是一件多麼緊迫的事情。雖然我也渴望愛情，但一直沒覺得結婚生子是一件多麼了不起的事。

「唉，真不懂你們這些老年人在想些什麼……」

「唉，真不懂你們這些年輕人在想些什麼……」

反正，自從我媽想方設法把我騙去相親，我對生活便產生了莫名的恐懼。

◇◇◇

大年初三下午，我約了幾個高中老同學在茶館相聚。許久不見，相談甚歡，不知不覺一個小時就過去了。突然，放在桌上的手機響了，我媽打來的，要我陪她去商場幫一位遠房姨媽挑選電磁爐。

「你們先逛一下，好不好？我正在跟朋友聚會呢。」

「好吧，好吧，那我待會叫你。」

半小時以後，電話又來了，還是我媽。

我心裡有些不爽，又不能拒絕。既然催得這麼急，那應該確實有急事吧，我這麼想著，跟朋友們說了聲抱歉，就趕了過去。

電磁爐很快就選好了，姨媽卻不見了。

嘿，也是怪了，我問我媽，她只說姨媽在外面講電話。又等了二十幾分鐘，還是沒來。圍著家電專櫃繞了一圈，我媽也不見了，真是奇怪了，我索性蹲下來研究電磁爐。又過了一會兒，人總算都來了，我就跟我媽說：「電磁爐選好了，我走了啊。」

「你再等一下，你姨媽不會用，你教她一下。」我媽說。

好吧，既然都等到了這個時候，也不在乎這幾分鐘了。

剛壓下心裡的鬱悶，一個身穿風衣的女生跟著遠房姨媽從商場門口進來了，女生春風滿面，讓人心裡升起一股暖意。

「你覺得這個牌子怎麼樣？是大品牌嗎？」姨媽對這位女孩說，我還以為是她家哪個親戚呢。

「美的，蠻好的啊，是大品牌。」女孩笑答。

「姨媽，既然電磁爐已經選好了，我就先走了啊。我約了幾個同學，他們還在等著我呢。」

「你別急著走嘛，一年才回來一次，聊一下再走。」姨媽的小眼睛笑得瞇成一條縫，看著她的表情，我開始感到有些不對勁。

再看看跟進來的那個女孩，低著頭看著手機，表情很不自然。

轉頭看看我媽，也是一副奇怪的表情，滿臉笑意，也不解釋，只一味地要我等一下再走，我瞬間全都明白了。

◊◊◊

明白是明白了，但轉頭就走似乎太沒教養了。但我真沒料到這是相親啊，要知道是相親，我打死也不來。原來，我媽和這位遠房姨媽給我演了一齣暗度陳倉，無奈的同時，又覺得這樣的安排真是防不勝防。

時間凍結了幾秒，我決定不能再僵持下去了，必須馬上脫身。為了打消所有人的顧慮，我決定加了她微信再走，畢竟確確實實有幾個老同學還等著我呢。

「你叫什麼名字呀？」

「秦婷。」

「要不這樣，我們先加一下微信，有空微信上交流吧，今天我確實約了幾個老同學，他們還等著我呢，我已經過來好一陣子了……」

「好的，可以啊。」說著她點開了微信。

掃了QR碼之後，我心情瞬間釋然。「這都什麼事啊？總算告一段落了。」我心裡嘀咕著。

「你們在商場再逛一下吧，我得先走了。」說著就準備去抱電磁爐，想替她們先放寄物櫃。

沒想到這女生比我反應還快，拎起大盒子「噔噔噔」就奔向了寄物櫃，「我來吧，我來吧……」我有些詫異，又有些不好意思。

「沒事，我來！」她頭也不回。於是，我大大方方地離開了。

應該說，從這件小事上，我看到了這位陌生女孩優秀的一面，但這和所謂的愛情、婚姻又有什麼關聯呢？

坦白說，從一開始我就沒打算用這樣的方式去接納一位女生，而加微信不過是脫身的策略罷了。

接下來的一天，我去滇池遊玩，藍天碧水，海鳥翩飛，興味正濃時更新了微信朋友圈。她按讚、評論，我也只是禮貌性地回覆。我不想讓她產生錯覺，更不能違背自己的內心，自然也不會主動去找她聊天。

所以，當她主動傳訊息給我，問我什麼時候回昆明時，我說：「明年春節吧。」

◊◊◊

當我回到幾位老同學的餐桌前，把這件糗事一講，所有人都笑得岔氣了，好尷尬。接下來的談話總繞不開「相親」這個話題，搞得我皮肉發麻。

他們只認一點：你不小了，該結婚了。那×××比你還小都結婚了，那×××

的兒子都長大了，那×××……才不管你耳朵上的繭有多厚。

日久生情，生出了友情；一面之緣，你能了解一個人到什麼程度？一見鍾情首先看中的是一個人的外表，不管你承不承認。雖然說父母會讓你相處一段時間試試，但是，你朋友圈子裡那麼多人，你們知根知底，為什麼就沒有一個能成為你的選項呢？

一見鍾情成了泡影，日久生情卻生出了友情，這是多麼痛的領悟？

相親，是資源優良整合的過程

老畢早就計劃好了，春節飛回老家相親。

漂在廣州，找個對象真不容易。最近兩年，他相過親的女孩不下三十個，無一不是失敗。每次聚會，說起相親失敗的遭遇，朋友們爭相挖苦他：「別灰心，說不定下一次就成了呢？」老畢蹙眉，攤手笑笑：「嗯，下一次我一定會成功的！」

這讓我想起小時候看過的球王比利的故事。有人問比利：「你哪一個球踢得最好？」比利答：「下一個！」當比利創下大賽進球一千個的紀錄後，又有人問他：「你對這些進球中哪一個最滿意？」比利意味深長地說：「第一千零一個！」

兩件事一對比，有種莫名的喜感：一種是無能為力的窮酸，一種是傲視群雄的自信。

有句話說：努力，是為了可以選擇。

身處金字塔尖的人，擁有無數選擇也不願將就，仍孜孜以求；身處金字塔底的人，只求一個機會就心滿意足，卻處處碰壁。而相親，就像一個積木配對遊戲：你實力強大，配對的選項就越多；你實力不足，騰挪的餘地都沒有。

◇◇◇

在老畢豐富的相親史中，有一個奇葩女。初次約會的時候，二人相談甚歡。老畢心中暗喜：這次終於要脫單了！

然而，一段時間過後，老畢發現，該女竟然同時與幾位男生保持聯繫，搞得老畢和被綠了一樣難受。於是，老畢在微信上問她：「你怎麼可以同時跟好幾個人交往呢？」

女生說：「相親不都是這樣嗎？當然要在所有選項中挑最好的那個呀，你也可以這樣啊，大驚小怪！」老畢氣得說不出話來，怒刪她微信。

其實，老畢這人真的蠻不錯的：人很幽默，會體貼人，月薪過萬，而且在老家買了房。

他甚至刻意放低了對外貌的要求：中等偏下即可。老畢說：「別人要求七八分的話，我只要求四五分。」

在過往失敗的相親經歷中，其中有幾次就是因為女方長得太好看而未敢同意。

◇◇◇

在某個單身青年聯誼群中，老畢一直是最活躍的成員，只要新加入的「女嘉賓」都會受到他的熱烈歡迎，久而久之，幾乎大家都認識他了。

他向我們透露說，他和群組裡的很多女生都有進一步的交流。然而，自始至終沒有脫單。

這就像好工作通常不是找來的。優秀的求職者，當他想跳槽的時候，總有公司主動投來橄欖枝，而那些一直掛在求職網站上的工作，看起來樣樣都好，卻很有可能是雞肋。

同理，女朋友也不是追來的。那些優秀的男生女生，通常都容易吸引一群追求者，所以他們很容易脫單。而那些高不成、低不就的男生最尷尬，好的高攀不起，差的還覺得配不上自己，反而更容易落單。

昨天，老畢相親結束後，發了個微信朋友圈：相親，是資源優良整合的過程。另一位朋友在下方評論：是的，相親就是互相挑選。你去買水果，都會挑那些看起來新鮮又好看的買吧，找對象不更是這樣，就是比挑水果難了點。

我實在是太同意這句話了，馬上按了個讚。

希望我們不是越來越難愛上一個人，而是越來越知道自己究竟愛什麼樣的人，適合什麼樣的人。

自己變優秀，才能遇見好的人

一位讀者跟我說了一段自己的親身經歷。上高中的時候，她喜歡一個男孩，據說特別帥氣，以至於一見她就意亂神迷、想入非非。似乎，這男孩也對她有點意思。於是，二人常常膩在一起，很開心。

這種朦朦朧朧、混混沌沌的「戀情」一直持續到高中畢業，誰也沒有說破。也許是命運的安排，他們考上了同一所大學，雖然不是相同科系，但有很長一段時間，他們還是像往常一樣經常見面。意外發生在一年後，不知從哪天起，他忽然不理她了，更令她納悶的是，從那以後，他再也沒搭理過她，直到現在。

「我很自卑」，她對我說，「你知道嗎，我這個人一點也不敢主動，而且特別容易相信人，我一旦相信一個人，無論他說什麼我都信。」

◇◇◇

與她對話的過程中，我深深地體會到了她內心深處的自卑。

她的家人催婚催得很厲害，每隔一段時間她都會被安排去相親。不過因為性格的原因，每次與陌生男子待在一起，氣氛都十分沉悶。對方問一句，她答一句，對方一中斷，她就不知道說什麼好。

每次相親結束，她也從不主動找對方聊天，就等著對方先找過來。倒也遇見過讓她心動的男孩，但對方主動了多次之後，就選擇了放棄。

事實上，她是一位特別賢慧的女孩。她的廚藝很好，好幾次我在微信朋友圈看到她發的照片，滿桌子的菜，每道都不同，看著都爽口。這難道不是一個值得稱道的優點嗎？

但這女孩卻不以為然。我妄自揣測，她是過於在意自己的缺點，以至於嚴重忽視了自身優點的存在。也許，她對自己的長相不滿意；也許，她認為自己才華不夠出眾；也許她的家境不夠好……

但是，這世上哪有完美無缺的人呢？

◇◇◇

曾經，我也是一個有嚴重性格缺陷的人。我不愛主動搭理人，見了親戚從不打招呼，見了熟人也只會笑笑。我無數次立志要改掉自己深入骨髓的內向性格，但都失敗了。

轉機發生在我高三的時候。那時，我的英語特別爛，我們學校是以題海戰術聞名的一所高中，老師給的作業非常「大氣」：不是以「頁」計算，而是以「打」、「冊」、「疊」來計算，其中以英語老師為甚。

因為我底子不好，所以就做得慢，而且很多題不會做，而我又對抄作業不屑一顧，於是乾脆整本空白交上去。

那可不得了，我被英語老師罵得狗血淋頭，成了關注對象。她對不按時完成作業及完成作業品質不高的人定了一套「懲罰」措施：當著全班同學的面唱歌。

十七八歲的年紀，大家都很害羞啊，尤其是像我這種本來就內向的人，上了臺，手都不知道往哪擺。為了應付時不時的「懲罰」，我特地買隨身聽來練歌，一遍一遍地聽，一遍一遍地學。幾乎每一堂英語課之前，我都在聽隨身聽，因為「懲罰」真的是突如其來，太可怕了！

第一次走上講臺，我就放開嗓子吼了一首〈精忠報國〉，一曲唱完，大家劈哩啪啦地鼓掌。大家都沒想到，我竟然還會唱歌，而且唱得還不賴。走下臺，我頓時心花怒放，同學們高喊：「再來一首，再來一首！」

這是我第一次突破自己，很難，但豁出去後發現也就那麼回事。

從那以後，再遇到讓我不適的場合，我就在心裡暗自鼓勵自己：「豁出去，沒什麼大不了的！」最終的結果證明，也確實沒什麼大不了。

◇◇◇

自卑的人往往性格內向，而一個內向的人要變得外向是很難的，幾乎不可能。拿我自己來說，如今很多需要外向性格做的事情我也能做，但如果可以選擇的話，我還是更喜歡內向時的狀態。

你當然可以做一個內向的人，但你不能一直內向下去。這個世界很殘酷，它更青睞外向的人。如果內向的人不突破自己，勢必會錯失很多機會，無論事業，還是愛情。

私人場合，你內向一點沒關係，你舒服，你的朋友也能理解。但公眾場合不一樣：一份好工作擺在你面前，你戰戰兢兢說不出個所以然，面試官再青睞你，也會猶豫的吧？一個好男孩或好女孩站在你面前，你扭扭捏捏擠不出一句話，對方對你的印象也會大打折扣的吧？

你就放心地說，大膽地做，又不會死，怕什麼？

很多內向的人，其實就是長期被環境壓制而養成了事事順從、唯唯諾諾的心理，他們只會等、只會憋、只會熬，從來只會被動接受、被動選擇、被動應付。

這就是你一直與機會無緣的根源啊！

◇◇◇

根據我的親身經歷，我很負責任地說，性格缺陷是可以改善的。就看你是不是有足夠的意志力。要是從高三開始算起的話，我至少用了兩年的時間來重塑自己的性格，我很滿意自己這些年的變化。

如今，無論面對什麼人，我都能夠鎮定自若地應對。

我想告訴內向的朋友們：試著重塑一下自己吧，你不一定非要成為一個外向的人，但是外向的人能做的事情，你也得硬著頭皮去做。

你那麼自卑，意中人怎麼確定你配得上他（她）？你那麼自卑，面試官怎麼確定你能勝任公司的工作？你那麼自卑，合作夥伴怎麼確定你能承擔重任？……

自卑往往是比出來的，是你長期覺得自己不如別人的心理在心底投射出來的自然反應。你要是和別人比長相，那比你好看的人很多，不自卑才怪？你若和別人比才華，比你卓越的人也很多……人比人氣死人啊！

正確的態度應該是承認自己的缺陷，能彌補的彌補，不能彌補的接受。在此前提之下，進一步挖掘和打造自己的強項：長相不夠，才華來湊；才華不夠，勤奮來湊；勤奮不夠，時間和精力來湊……

當你在某一方面的能力能夠壓過身邊的朋友時，你就不會再自卑了。

記住一句話：**只要你豁得出去，就有一萬種辦法能讓你熠熠生輝。**

最好的愛情和友情，是我們參與了彼此的成長

我是在一場班級藝文晚會上對方恬刮目相看的。

那天晚上，她為我們跳了一支孔雀舞，伴奏音樂正是那首〈月光下的鳳尾竹〉。我是雲南人，對這首曲子再熟悉不過了。看著她曼妙的身姿，我斷定她是一個對跳舞極有天賦的女孩。

那時，我們已經認識很久了，她的脾氣有點怪，和身邊的朋友相處不太好。但在我面前，她總是笑咪咪，任憑我怎麼「打擊」，她都不生氣。我總能嫻熟地拆她的臺，她總能精準地接我的梗，因此我們在一起的時候，常常笑得前仰後合。

一有時間，我們就膩在一起、一起上課、一起自習、一起吃飯、一起打球、一起到櫻花園散步……不知不覺，我好像已經愛上了她。

那時我是班長，也是班上少有的愛打籃球的男生。你知道的，外語學院女多男少，僅有的男生裡會打籃球的寥寥無幾。

學院裡舉辦女子籃球賽，於是我就趕鴨子上架成了班上籃球隊的「教練」。為了班級榮譽，每天督促一群女同學頂著炎炎烈日進行訓練。

方恬是隊員之一，她個子不高，卻古靈精怪，在一群女生中十分引人注目。因為我和她比較玩得來，所以籃球賽結束後，我們經常相約一起打球。

有了她的陪伴，打球成了一件浪漫的事。通常一通電話過去，她很快就出現了，有時候我們在新運動場，有時候我們在舊運動場。時間就這麼一天天過著，有好幾次，我真想對她說「做我女朋友吧」。然而，我始終沒有說出口。

上課的時候，我們常常坐在一起，誰先到就會為對方占個位子，這幾乎是約定俗成的事。我經常鐘響才進教室，因此，大多數時候都是她為我占位子。

大家都以為我們是情侶，只是我們誰都沒有戳破那層窗戶紙。

有一次上公開課，她趁我不注意拿走了我的筆記本。我察覺的時候，她已經打開了。她指著扉頁的一句話詭譎地看著我，那句話是：既不輕易牽手，也不輕易放手；牽手就不輕易放手，放手就不輕易回頭。我尷尬地笑笑，欲蓋彌彰地解釋起自己的愛情觀。

隨即，她抽出一張紙巾，用筆在紙上快速畫起來。幾分鐘後，她把紙巾遞給我，我一看，一口老血差點噴出來，上面畫的是我——一張黑臉上架著一副大眼鏡，下方寫了一個字：豬。

我們都沒忍住，咯咯笑了起來，笑聲驚動了前排。一個女生回過頭來掃了我倆一眼，我們相互使了個眼色，連忙低頭摀住嘴巴。

末了，她滿臉認真地叮囑我：「不准扔，要好好保存哦！」我連連點頭。

那一刻，一股暖流氤氳在心間。

◇◇◇

大一下學期，我們和物理學院的「和尚班」聯誼，相約去中心公園燒烤。兩個班聯誼結束後，很快就湊成了幾對，而方恬也被幾位帥哥盯上了。

似乎從那次聯誼之後，追求方恬的人便多了起來。

某天一起吃飯，方恬突然對我說：「有個聯誼班的男生舉辦生日派對，邀請我參加，我不想去，怎麼辦啊？」

我說：「不想去就不去唄。」

「但不去又覺得過意不去，我們整個寢室的人都被他邀請了。」

「那你就去嘛。」

「可是……」

看她猶豫我就能猜到，這傢伙肯定是喜歡方恬，才故意設了這個局。

停了幾秒，方恬對我說：「你跟我一起去好不好？」

「我去幹嘛啊？人家邀請的是你又不是我，我以什麼身分去啊？」

「我就說，你是我男朋友啊。」

「這……還是算了吧，我不去，你去吧。」

我知道她的想法，她是想借此讓對方死心，可是，當時我少根筋，沒答應。我沒意識到這竟是我倆關係的轉捩點。

◇
◇
◇

一到週末，我照例約她一起打球，一起去圖書館……但我慢慢感覺到她開始怠慢了：有時候叫她好幾次，才勉強出來；有幾次，還推辭有事來不了。

最後一次約她，是幾個星期過後的事了。那一天，她在電話裡不慍不火地對我說：「其實，我不喜歡打籃球。」

掛掉電話之後，我站在原地失魂落魄，難道……

直覺告訴我出大事了。第二天，在法語課上，我傳了張紙條給她：下課樓梯口等我。

下課後，同學們蜂擁下樓，我在樓梯口叫住了她：「嘿，這裡！」

「什麼事啊？」她神色迷離地走過來，雙頰有些泛紅。

「我喜歡你。」我小聲對她說。

「什麼？」

「我喜歡你。」我調高音量重複了一次。

「啊？我……有男朋友了。」

「好吧，當我沒說，對不起，再見！」

我轉身下樓，頭都沒回。其實，那一刻我的心在滴血。

從那以後，我再也沒主動聯繫過她。一個人上課、一個人自習、一個人吃飯、一個人打球、一個人到櫻花園散步……

「或許，她根本沒有喜歡過我吧，是我想得太多了。」我強迫自己忘記這一段回憶，然而，它總是時不時地浮現在我腦海裡，想一次心痛一次。

時間就這麼一天天地流逝著。聽說，後來方恬又談了幾次戀愛，但我對此已經了無興趣了。我自己呢，直到四年大學生活結束，都沒有談過一次戀愛，也不覺得這有什麼不好。

畢業那天，收拾行李離校。我從抽屜裡偶然翻到了那張餐巾紙畫像，歷歷往事一幕幕浮上心頭。猶豫再三，我還是把它撕了……

◇◇◇

很久以後，有一天我偶然在網路上看到一句話說：「喜歡就去表白，大不了連朋友都做不成，做朋友有什麼用啊，我又不缺朋友，我缺的是你！」

只遺憾，為什麼沒早幾年看到呢？

其實，年少輕狂的時候，談一場你儂我儂的戀愛，也是一件人生美事啊。然而，二十出頭的我，竟絲毫沒有談戀愛的打算。

不過，二十七歲這一年，我終於遇見了自己的愛情。

表白那天晚上，我把當年那句愛情宣言一字一句地敲給女友：「既不輕易牽手，也不輕易放手；牽手就不輕易放手，放手就不輕易回頭。」想不到，她竟然對我說：「這句跟我曾經寫得一模一樣。」

沒有愛的婚姻，結與離都是悲劇

在我的成長歷程中，我的家庭關係並不和諧，小時候最怕聽到的就是：離婚。怕什麼來什麼，每次父母一吵架，高潮部分常常是這樣：

媽媽惡狠狠地說：「我要跟你離婚！」

爸爸也毫不示弱：「離就離！」

再或：「你滾出這個家！」

「我沒攔著你，要滾你滾！」

……

從我記事起到國中，我們家的戰火從未停過。無數個夜晚，我像一隻受驚的兔子，躲在被窩裡用被角擦眼淚，那是我童年的夢魘。

也是從那時起，我變成了一個孤獨的人，十多年來，與父母基本上沒有任何內心的交流。我覺得他們一點都不懂我，而他們認為我是一個聽話的乖孩子。

然而，他們始終沒有離婚。我知道媽媽心裡並不好過，無數個日夜，她都長吁短嘆，寧願和左鄰右舍聊天打發時間，也不願在家裡多待一刻。

隨著年齡的增長，大概到了國中，我對父母吵架這件事漸漸從悲傷變成憤怒。他們一吵架，我心裡就升起一股無名火，我真想對他們說：「你們離吧，不要吵了，我受夠了！」

有一年，爸爸跟隨公司去西雙版納旅遊，回來時，除了帶回一大堆果乾之外，還有一疊風景區的照片。其中有一張深深地印在了我的腦海裡，畫面上爸爸和一位傣族姑娘喝交杯酒，面色紅潤。

第一眼看到這張照片，我單純地想到了「出軌」，同時又害怕爸媽離婚。於是，趁爸爸不在的時候，我找到一個打火機，在陽臺上把照片點著了。照片剛燒了一半，卻被弟弟發現，我慌慌張張趕緊把它埋進了花盆。

弟弟問：「你燒什麼？」

「沒什麼，一張紙。」我說。

他不信，非要挖出來看。

好吧，看吧，我已經準備好要對他說教：「這要是被媽媽發現了，又會吵架的，說不定他們會因為這個離婚。他們離婚了，你就會失去爸爸或者媽媽……」

於是，他自己動手，把剩下的一半照片給燒了。

◇◇◇

在若干年中，我既希望他們離婚，又不希望他們離婚，所以養成了一種極其矛盾的人格。這種矛盾型人格的外在表現就是優柔寡斷，看待任何事情都習慣用一分為二的觀點看，優劣好壞通通想一遍，最終反而難以做出決定。通常是在不得不做決定的情況下才豁出去——胡亂選擇，而後聽天由命。

總之，我的內心經常會有兩個思想的小人在打架，經常感覺到腦子裡被無數雜物所充斥，喜歡胡思亂想，對生活裡的一切都感到悲觀又無可奈何，沉浸在自我的世界裡不能自拔。

我對很多事情都失去了決斷能力，卻也養成了善於思考的習慣。我一度認為，自己之所以作文寫得不錯，無非是因為想得太多，內心的痛苦常常使我靈光閃現。

儘管我知道，我的爸爸、媽媽和天下所有的父母一樣，都深深愛著自己的孩子，但這樣的愛，並不足以讓我從痛苦中解脫出來。

我已經不怕爸媽離婚了，單親家庭也沒有那麼可怕。我見過不少單親的同學，人家不也生活得很好。想得更開一點，這麼多年的家庭戰爭帶給我痛苦的同時，也讓我的內心得到了修練。

我的心已經堅硬得如磐石一般了，每當有人對我傾訴，我總能給他如沐春風般的開導，因為他所經歷過的，我很多年前就已經經歷過了。

◇◇◇

二十幾歲，我還沒有結婚，有時候卻免不了要跟人討論婚姻話題，某次遇到的話題是：婚姻破裂，孩子還小，到底離婚還是不離？

我成了離婚的堅決擁護者。雖然我的父母沒有離婚，他們也確確實實是為了我和弟弟著想，不想讓我們成為破碎家庭的受害者。但我深切地感覺：表面完整的家庭對孩子的傷害或許比單親家庭更大。

在孩子的內心世界裡，肯定希望家庭是完整的，這是一種人類原始的情感訴求，但完整卻不意味著幸福。如果父母僅僅只是停留在保證家庭完整的層面，而不能從實質上讓家庭成員之間的關係得到根本的改善，那麼勉強的維持往往是痛苦的深淵。此時，不如橫下心來做個了斷。

離婚沒有什麼可怕的。只不過深受傳統觀念影響的人，把它想得太誇張了。既然能夠兩情相悅而聚，為什麼不能你情我願而分呢？但生活中我們時常看到的，往往是剛烈的愛戀、徹心的決裂，不少破裂的婚姻是不歡而散的，而和平分手的太少。

說得遠一點，為什麼非要到過不下去的時候才考慮離婚，而不是在結婚之前再慎重一點呢？

◊◊◊

金庸先生在《書劍恩仇錄》裡有句話說：「情深不壽，強極則辱；謙謙君子，溫潤如玉。」意思是，用情太深往往短命，生性好強容易受辱；君子要謙虛沉穩、優雅溫和。

說得玄乎一點就是：愛到深處，你已經在消耗自己的元氣了。既然真情與元氣一樣珍貴，為什麼要浪費在一個你不愛的人身上呢？

人世間，有很多東西是不可逆的，比如時間，「逝者如斯夫，不舍晝夜」；比如愛情，覆水難再收，破鏡難重圓。愛時，你天荒地老，不愛時，你拔腿就跑。

不負責任的婚姻，無論結與離都是一場悲劇。所以，也奉勸所有年輕男女：不必急於結婚，也不要害怕離婚。如果結婚時你是慎重的，那麼離婚時也不要有過多心理負擔——該承擔的責任承擔起來，該放下的痛苦勇敢放下。

願天下有情人終成眷屬，願天下迷途者慎重如初。

好的婚姻是尋找合適的人生合夥人

有人說：「婚姻是女人一生最大的投資。」說真的，我很討厭這句話。

若非要說婚姻是一場投資，那麼最好的投資也是投資自己——把自己的人生押注在另一個人身上，那是一種陳腐的觀念。

1. 嫁給初戀，還是真愛

六年前，一位叫阿菡的廣東女孩邂逅了自己的初戀。男孩虎虎生風，女孩楚楚動人，兩人一見鍾情，戀愛四年後，他們水到渠成地結婚了。

那時中國還沒有開放二胎政策，兩人均在工作。男友要阿菡辭職回家生小孩，並揚言「要生三個以上」（廣東某些地區的觀念）。阿菡聽了很不高興，彷彿自己在對方眼裡就是一個生育工具。

讓阿菡欲哭無淚的是，當她表示反對時，男友居然荒唐地對她說：「要不，我再找一個女的回來生小孩，你也不要走，我最愛的人還是你，我們三個人一起生活。」

此話一出，阿菡對自己的新婚丈夫徹底絕望了。

帶著無限的憤怒和失望，阿菡與丈夫離了婚，隻身一人來到了深圳。

兩年過去了，透過自己的努力，阿菡已經有了自己的工作室。她一度以為這輩子再也不會結婚了，但命運卻為她安排了另一位珍視她的男人，他們計劃今年十月結婚。

2. 嫁給顏值，還是才華

張幼儀嫁給了徐志摩，徐志摩愛上了林徽因，林徽因最終與梁思成結為伉儷。紛擾之間，旁邊還有一個金岳霖，終身未娶。

後來，徐志摩勾搭有夫之婦陸小曼如願以償，誰承想，徐陸二人同床異夢——窮酸教授與拜金少婦終非一路，徐死後，陸再嫁翁瑞午，一廂情事才算了結。

你說，徐志摩的才華不夠卓越嗎？陸小曼的顏值不夠出眾嗎？然而，或許才華與顏值均不是婚姻中的決定性因素——脫離了才華的顏值空洞不堪，脫離了人品的才華不值一文。

論婚姻，最大的贏家是林徽因與梁思成，他們餘生的恩愛與幸福已經為歷史證明。最大的輸家是金岳霖，其人才華、人品俱佳且幽默風趣，卻貽誤終生，令人唏噓。

女孩子到底應該嫁給顏值，還是嫁給才華呢？當然，顏值與才華兼備是最好的。只可惜，才貌雙全的人永遠供不應求，非要二選一的話，私以為才華更可靠一些。當然，前提是人品可靠。

容顏易老，青春會跑，有人品加持的才華永遠閃耀。

3. 嫁給藍籌股，還是潛力股

藍籌股的特點是穩賺不賠，也正因此，迷之者眾。潛力股呢，現在看來或許很一般，但前途不可限量，同時充滿不確定性因素，大多數普通年輕人只能歸於潛力股。

選擇藍籌股起碼可以保底，畢竟實力就擺在那。但藍籌股的缺點也很明顯：難以掌控。

不過，在無數優越條件的光芒之下，這點缺憾又算得了什麼呢？

一些女孩口口聲聲稱自己是「大叔控」，年輕的男孩可能覺得不可理喻：老男人有什麼意思？可是其實這是符合人性的。

從精神層面講，大叔見過世面，比小年輕成熟吧？從物質層面講，大叔完成了原始累積，比窮小子闊氣吧？從為人處世方面講，大叔閱人無數，比愣頭青會哄女孩開心吧？

對女生而言，嫁大叔等於幫自己找了一個老爸；而嫁「小鮮肉」，只會把自己變成一個老媽子。

每個人都有選擇自己生活的權利，為你選擇的生活全力以赴就好。很多事情無所謂好與不好，就看你想不想要。

4. 嫁給喜歡，還是合適

最近，一位朋友的感情出了問題。

當初他一時衝動，對女孩表了白，出乎意料的是，女孩欣然同意了。後來才知道，原來女孩已經喜歡他很久了。

兩人都是抱著結婚的目的交往的，為此，男孩甚至提前準備了婚房。

但相處越久，男孩越覺得女孩與自己不在一個頻道上。男孩事業心很強，工作起來很拚命，每天加完班回家還要堅持跑步。每次他都想帶女孩一起，趁機聊聊天、談談情。但女孩不喜歡運動，勉強去了幾次之後便堅持不下去了，這讓男孩很失望。

此外，男孩還發現，女孩是那種安於現狀的人，與胸懷大志的自己格格不入。她對自己的事業並不那麼關心，更談不上為自己出謀劃策、指點迷津了，他想找的是賢內助，而不是保姆。

用男孩的話說，女孩除了人好，其他方面（學歷、工作、個人視野、家庭背景等）都與自己相去甚遠。他不想傷害她，卻又難以接受這樣一個人成為自己的妻子，更棘手的是自己的父母也站在女孩那邊。

男孩最擔心的問題是女孩想不開，因為當初是他主動追女孩的，而且女孩又是那種「死心眼」的人。

他感到很為難。

婚姻這件事，千萬不要對將就心存幻想——與其糊里糊塗地將就，不如痛痛快快地選擇單身！

5. 結婚，是為了尋找人生合夥人

結婚不是交配，如果只考慮傳宗接代，我想結婚應該不是一件很困難的事情。從生物學的角度講，只要不是近親，男女生理、智慧、健康、長相條件符合的話就可以結合了，但這是你想要的嗎？

幸福的本質是悅己，換句話說：你不開心，整個世界開心都沒用。也許結了婚，真的會很幸福，但在一個人不想結婚的時候逼婚，對他來說是一種災難。父母也許一時開心了，但婚姻卻要伴隨你一輩子，你準備好了嗎？

如果你還沒有準備好，不如多等一段時間，反正早晚都要結婚，你急什麼？

結婚，是為了尋找一個人生合夥人。

從單身走向婚姻，本質上是一種生活方式的轉變。原本，我有我的軌道，你有你的軌道，兩個人走在一起，共同打造一個更漂亮、更精彩、更有趣的共有星系。

準備好優質的自己，迎接一個優質的伴侶，這就是我目前對婚姻的一點期待。我不怕結婚，只怕自己不夠優秀，配不上優秀的另一半。

也許你會說：年紀越來越大，找對象會越來越難。

我只想說：不結婚我過得很好，要結婚，前提是結婚要比不結婚過得更好。如果這一點不能實現，結婚又有什麼意義？

最後，我想把電影《怦然心動》裡的一段話送給你們：

Some of us get dipped in flat, some in satin, some in gloss. But every once in a while you find someone who's iridescent, and when you do, nothing will ever compare.

韓寒譯文：有人住高樓，有人處深溝，有人光萬丈，有人一身鏽，世人萬千種，浮雲莫去求，斯人若彩虹，遇上方知有。

第六章

終身成長：讓人生自己說了算

你可以上二流大學，但不可以過二流人生

雖然當年我的高考分數超過了一本[11]錄取線，但其實我的大學是一所二本院校。有意思的是，我們學校在我大三那年升為一本。所以，連我也搞不清自己是幾本畢業的了。

我的母校距離一流大學還是有距離的，但這並不意味著，我要一輩子活在二流大學的陰影之中。

畢業前三年，是人生易轍的高峰期，一些人選擇了回鍋考研究所，一些人選擇了轉行換工作，還有一些人茫然四顧，左右為難。

11 依照高考成績與能力，中國的大專院校基本上分成985（頂尖院校）、211（頂尖院校）、一本（重點院校）、二本（普通院校）、三本。

回鍋考研究所的同學，大多瞄準了985、211院校。複試的時候，考官問：「你們學校是985、211嗎？」他們臉上尷尬到不行的表情：「我是一所二本學校畢業的。」

一些同學鎩羽而歸之後，往往會提到一個感觸——二流院校備受「歧視」。轉行換工作的同學，也常常遭遇類似的尷尬，某些公司挑明只要985、211院校的畢業生，令一些自詡優秀的人無可奈何。

難道，二流大學的畢業生就沒有出路了嗎？

1.在二流大學，也可以爭取一流教育

早在上高中的時候，我就養成了自學的習慣，所以進了大學之後也沒覺得不適應。倒是經常覺得老師講得不夠深、不夠透，更談不上有趣，以至於對一些課程徹底喪失了期待。於是，蹺課變成了常態。

當然，我蹺課並不是為了睡懶覺，而是去圖書館或者公共教室自習。事實上，我花了大量的時間和精力去研究自己真正喜歡的文學，讀了大量的詩歌和小說。

有時，我也會看一些公開課的影片，比如網易公開課。對廣大二流大學的學生

來說，網路恐怕是彌補教育資源差距的最好管道了。所以，千萬別只知道追劇、打遊戲。

你要是真的熱愛學習，也可以去其他學院甚至周邊學校旁聽。別害羞，沒人會嫌棄你的，大家反而會覺得你很了不起。如果你的視野範圍僅僅局限在本科、本學院，估計你會絕望的。

話說回來，如果你們學校、你們科系還不是很差的話，一定有值得你追隨的老師。你要耐心去聽、虛心去學，和他們成為朋友——相信我，你一定會受益匪淺的。

2. 在二流大學，也可以交一流朋友

我上大學的時候，我們學校的學習風氣算是極好的了。我聽說很多二本院校並非如此，尤其是在一些男生較多的科系，打遊戲、泡網咖、追女孩是很瘋狂的。

一位同學曾告訴我，某校一名男同學沉迷遊戲，連續一週泡在網咖，天天吃泡麵，直到猝死才被網管發現。我聽了心頭一震。

在集體迷失的環境裡，一個人更容易誤入歧途。所以，當你「不幸」跌進這種大坑，千萬別想什麼合群不合群，正好相反，你要成為一名特立獨行的俠客，要學會與

自己為友，與優秀的人為友。

二流大學裡也有一流學生，你大可以向這一小部分人看齊。如果你是一個有抱負的人，那就去跟全校比，去跟全省比，去跟全國比。別沉溺在自己的小班裡自我感覺良好。

3.在二流大學，也可以練一流武功

大一的時候，我特別迷茫。有段時間，我在QQ空間裡寫了一句話：大學就像一個養豬場。因為大學生活太安逸了，安逸到無聊，於是，我就拚命地去找事做。

我喜歡書法，就買枝毛筆天天在寢室裡練；我喜歡詩歌，就買了厚厚的一疊詩集來讀；我喜歡籃球，就天天跑到籃球場上打……反正，就是不想讓自己閒著。

一閒下來，人類就忍不住會思考人生意義，想來想去想不出個什麼，徒增煩惱。

如果你真的熱愛自己的科系，一定要花大把力氣去研究，局限於課堂上的一點點東西是遠遠不夠的。如果你真的不喜歡自己的科系，一定要找到機會轉系，不要嫌麻煩。我就是因為嫌麻煩而沒轉系，想起來蠻遺憾的。

除此之外，如果你在哪個方面有特長的話，大學四年就是你突飛猛進的絕佳機會。只要你願意，就可以找到很多和你有共同興趣愛好的人，大家彼此切磋、共同進步，那種感覺是非常棒的。

4.在二流大學，也可以找一流工作

一流大學與二流大學的差距，在畢業找工作的時候最明顯。

隨著畢業季臨近，你隨便到雙選會[12]現場走一走，就知道自己手中的文憑有幾斤幾兩了。

記得我畢業那年，特地搜了一下周邊幾所學校的校園徵才，對比之下，一個最大的感觸就是別所學校來的清一色都是大企業，而自己學校來的十之八九是不知名的小公司。

那一瞬間，我對校園徵才喪失了僅有的一點期待。

接下來的日子，雖然我也會參加校園徵才，但更多是為了增加一些面試經驗。事實上，我心裡打的小算盤是：拿到畢業證書後自己去找更好的工作。

12　校園徵才。

對於二流大學的同學來說，這是一個非常現實的問題。有的人想不通為什麼有的公司只要985、211院校畢業的學生，其實原因再簡單不過了：一流院校的人選已經夠多了，而且篩選成本又低，根本沒有必要開拓更多的徵才管道。

此時，對二流大學的畢業生來說，最好的選擇就是：跨校應徵。

我的一位同學就通過跨校應徵成功拿到了一家世界五百強的入職通知書。

所以，不怕你起點低，只怕你不爭取；不怕你背景差，就怕你實力弱。

5.在二流大學，爭一流機會

上大學是你改變命運的一次機會，考研究所、考博士班是你提升空間的另一次機會。

對普通家庭出身的孩子而言，透過考試來獲得機會向來是實現人生跨越的方法之一。當你在職場中打滾幾年後，這種感受會更加明顯。所以，一些同學選擇回鍋考研究所，在我看來是再正常不過了。

我有一位同學，考研究所進了北大，如今周遊列國、瀟灑自在。另一位同學考研究所進了北外（**北京外國語大學**），而後考博士班，又以第一名的成績進了北大，且是唯一的應屆生。還有位同學，雖然考研究所學校一般，但是最終也如願進了騰訊。

所以，你看，二本又如何？只要你夠厲害，大學在哪讀，其實都沒關係。

說這些，並不是為了證明二流大學的出路就是考研究所，而是想說，你既然覺得二流大學的選擇少，那就應該積極為自己創造更多、更好的機會。

你之所以被忽略，並不是因為你背景不好，而是因為你既沒背景又沒實力。

我在某公司上班的時候，聽一些同事聊天說：×××家裡非常有錢，之所以天天來上班，只是為了打發時間，事實上此人月薪五六千，還沒有家裡每個月給的零用錢多。

你猜，他的零用錢有多少？據說，每月三萬元，定期匯到卡裡。

恐怕絕大多數上班族都沒有這樣的待遇吧，你上班是為了打發時間嗎？你含辛茹苦工作一個月，目標是用有限的薪水養家活口。有時為了蹭一頓飯，還要假裝在公司多加兩小時班；有時為了省三五元，還要假裝鍛鍊身體多走兩公里路。

你這麼努力，是因為你不得不努力；你也想天天閒著，但你根本沒這個能力。

畢竟，欲帶皇冠，必承其重。

讓父母放心是一生的功課

「兒子，你要好好考慮一下結婚這件事了。」

「嗯。」

「你要是在外面遇到合適的，就找一個吧，我們不嫌遠的。」

「嗯。」

「下次別人再介紹對象給你，你就去見一下？」

「嗯。不過……別這也讓我見，那也讓我見，也要有所選擇的嘛！」

「好，有你這句話就夠了。」

……

離開深圳的前一晚，我媽對我的人生大事再三囑咐了一遍。

不知從什麼時候起，我很少直言頂撞父母了。儘管我有自己的主見，但對於他們的苦口婆心，我開始默默選擇「順從」。

爸爸半邊頭髮已經花白了，媽媽開始學廣場舞了。他們對我的管束越來越寬鬆，我的內心卻越發不是滋味，但我能感受到他們的焦慮，越來越深的焦慮：「你結婚了，你愛怎麼過怎麼過；你一天不結婚，我們就得多管你一天。」

在我媽心裡有一種根深蒂固的觀念：只有兒女都有了自己的家庭，父母才算完成了自己的「任務」。

◇◇◇

年後回深圳，我媽終於同意跟我一起來深圳轉轉，這是我春節放假前就和弟弟「謀劃」好的。起初她欣然同意，要買票的時候卻反悔了，怕花太多錢。

我和弟弟硬是把她的票買了。

媽媽幾乎沒出過遠門，大半輩子也沒離開過雲南。沒錯，這是一個令人嚮往的地方，但在這片土地上生活得太久也會麻木。我想帶她出來看看，身臨其境地感受外面世界的繁華。

另一層用意是借此釋放她的焦慮，讓她知道我在外面吃得飽穿得暖，並沒有她想像得那麼苦；而我所在的城市深圳，也不像她想像得那麼複雜——總而言之，我就是想告訴她我很好，我能照顧好自己，不用擔心。

從上大學起離開自己的家鄉，算起來身在異鄉的日子也有八年了。從雲南到湖南，從湖南到廣東，一年也就回家一次，我很能理解父母的焦慮。

電話裡，我媽常常跟我講她四處聽來的小道社會消息。兒行千里母擔憂，我總是耐心地聽著。

多年前，齊秦有首歌這麼唱：「外面的世界很精彩，外面的世界很無奈。」沒出過遠門的媽媽，對漂泊生活的印象更多是工人一類。因為，在我的家鄉，大多數外地人都是從事這行的，她總擔心我在外面吃苦受累。

我媽常說：「你在外面聽起來薪資是高那麼一點，但開銷也大啊，早出晚歸工作一年省下來的錢還不如我種一小塊地，關鍵是自由自在，不用看誰的臉色。如果你回來，趁我和你爸都還做得動，你想做什麼我們都可以幫忙。」又說：「你趕緊找一個對象吧，你養不起我們幫你養，每個月補貼你生活費。結了婚，你想出去我們也不攔你，小倆口一起有個伴。」我聽得既尷尬又慚愧。

但當左鄰右舍關心起我的終身大事的時候，我媽卻笑著說：「結婚這件事啊，強迫不來的，他爸三十歲才結婚，他是遺傳他爸了……」

寬容中暗藏著無奈，我又何嘗聽不出來？

◇◇◇

臨別那天早晨，媽媽煞有介事地說：「深圳是個好地方，雖然處處都要花錢，但人家服務也好啊，所以這錢花得也值。」我聽了心中竊喜。

她能這麼想，我的目的也就達到了。

不過，另一句話卻讓我如鯁在喉：「你以後每個星期一定要打個電話回家啊，別讓我們白養你一場。」所幸我每個星期都記著這件事，也就偶爾因為一些事情耽誤過幾次。

媽媽在深圳待了一個星期，算起來我也就陪她玩了三天。其餘時間是弟弟帶她出去玩的。

在穿越東西沖（深圳一處沿海徒步線路）的時候，其中有一小段路特別凶險。一側是山崖，一側是大海，只能透過幾塊相鄰的岩石攀爬過去。我走在前面，媽媽走在中間，弟弟斷後。

因為海浪的衝擊，岩石上布滿青苔，特別滑。正當我爬上岩石的一瞬間，一個海浪猛地撲打過來，這可把我媽嚇壞了：「呀——」

我生怕她情急之下出什麼問題，拍著腳邊的岩石大喊：「沒事！抓穩！你們走那邊！」一回頭，我大半的身體都已被海水濺濕了。

所幸，我們總算平平安安穿了過去，但那一刻，我突然發現帶我媽來冒這個險是一個錯誤。畢竟，她已經是一個五十二歲的「老人」，早已過了身輕如燕的年紀！

當然，這也不是我第一次留意到她開始慢慢老去，只是之前心裡一直沒太當回事。好幾次，我們三人一起走在路上，走著走著媽媽就脫隊了。「我腿沒你們長啊！」媽媽說。於是我們只好走慢一點。

也不知道從什麼時候起，媽媽開始關注起深圳的天氣了，我是從媽媽的電話中得知的：「昨晚天氣預報說深圳下雨了，你要多穿點啊，病了可沒人照顧你。」

「嗯，好的，我知道了，你就不要擔心我了，我會照顧好自己的。」

當我生病的時候，媽媽也能一下就聽出來：「你感冒了吧？聲音聽起來有些不對。」好像從沒錯過。

◇◇◇

這幾年，我在外面確實沒賺到錢，但我從來不覺得自己白過了。漂泊，對我而言是一種歷練，我珍惜這個機會。

身在異鄉，縱然辛苦，但這裡有小城市無法可比的環境，這裡有小城市體驗不到的氛圍。一樣是謀生，我更喜歡大城市的氛圍：包容、開放、平等、自由。

自從來過一次深圳，我媽對我明顯放心了許多，從電話裡就聽得出來。她也不怎麼催婚了，雖然也忍不住時不時提一下，但明顯沒有從前那麼迫切了。

龍應台在《目送》裡寫道：

所謂父母子女一場，只不過意味著，你和他的緣分就是今生今世不斷地目送他的背影漸行漸遠。你站立在小路的這一端，看著他逐漸消失在小路轉彎的地方，而且，他用背影默默告訴你，不必追。

每次讀這段話，都覺得做父母是一件無比傷感的事，勞神費心地將子女養大，他們卻飛得茫無涯際……

媽媽離開深圳後的幾天裡，我還時常想起那天在東西沖驚險的一幕：如果我當時一下沒抓穩，被浪捲到海裡會怎樣呢？這麼想著，媽媽驚慌失措的神態在我腦海裡重播了好幾遍。

父母對子女的要求，真是特別的低——他們並不要你大富大貴，他們只要你平平安安。

我們這些居無定所的異鄉人，不管因為什麼原因漂泊在外，都不要再讓父母為我們操心了，照顧好自己，有事沒事就打個電話回家。

無論身在何處，請做一個讓父母放心的人。

自驅力：讓自己跑起來

有一天，突然接到我媽電話，大意是：鎮上的煉油廠在徵人，條件是高中以上。

我一聽很不耐煩：「我這不是做得好好的嗎？」

我媽連忙解釋：「沒什麼別的意思，就是跟你報告一下家裡的動態。」

我知道，並沒有那麼簡單。

看我不高興，她也不再強求，掛了。掛電話的一瞬間，我聽到了我媽的一句話：「人家不聽……」是對我爸說的。

在我爸媽的眼裡，只有國營企業才是最可靠的。剛畢業的時候我遵命回老家工作了半年，最終還是待不住，在即將轉正時選擇了辭職。

後來輾轉北京、深圳多地，其間因為朋友邀我一起創業，再度回到家鄉；之後，再次選擇了離開。

兩段在家鄉工作的經歷，讓我清楚地認識到一個事實：年輕人還是應該去大城市。

每次打電話回家，我媽總是勸我：別在外面漂了，老大不小該結婚了，人家的孩子都一兩歲了……

我常常對她說：「我有我的活法，您就別自尋煩惱了！」

她也不置可否，但每次打電話總會把那套說辭再重複一遍……

◇◇◇

在寫下這篇文章的時候，我已再度返回深圳四個多月了。說實話，我喜歡這座城市，這是一座沒人會批評你的城市，走也好，停也罷；快也好，慢也罷；勤奮也好，懶惰也罷；單身也好，結婚也罷……總之，沒有人管你！

但你從不會因為可以停下來就止步不前；不會因為可以慢一點就磨磨蹭蹭；也不會因為可以偷懶就百無聊賴……雖然你是一個過客，卻不會因為自由而失去方向。

正好相反，當你沉浸在一種價值創造的氛圍中，你會不由自主地加快自己的腳步，更加勤勉，更有鬥志。這不是被逼無奈，而是一種驅動力。這座城市，有一種強大的內力驅動著萬千年輕人向前奔跑。

在這樣的環境中，我覺得自己是個鮮活的生命，而不是行屍走肉。

而在小城市工作卻是另一種狀態，一種更悠閒、輕鬆、愜意的狀態。

對於剛畢業還帶著些許理想主義的大學生而言，真不是一個好的選擇。

◇◇◇

也許你並不相信，也不能理解，小城市與大城市的差距真的有這麼大嗎？作為一個從邊疆小鎮走出來的大學生，我深有體會。

如果有人問我大學畢業是去大城市還是回家鄉，我會告訴他，一定要去大城市！

並不是我好高騖遠，而是大城市與小城市的差別確實太大了，這也是我親身經歷後才體會到的：經濟落後的城市，教育往往也落後；經濟發達的城市，教育往往也發達。

有人會想：大城市就算了，去中部城市就行，中部城市消費低一些，但事實並非如此。一些大城市裡的大學，因為學校、政府有補貼，消費甚至比小城市的大學還低，而且學生還有各種福利。

再說說工作。許多先進技術、先進模式、先進經驗等，幾乎都率先在大城市裡生根發芽，如果你是一個有強烈學習欲望的青年，大城市才是真正能讓你成長的地方。大城市的思想更加開放，更加尊重市場、競爭的規律，因此這裡有更多奮鬥的年輕人，也更具活力與包容心。

如果說小城市是一個按部就班的工廠，那麼大城市就是一個一切皆有可能的煉丹爐。

◇◇◇

如果你問我：外面好還是家鄉好？我會毫不猶豫地告訴你：家鄉好，因為那裡有純淨的空氣、溫暖的陽光、善良純樸的人民。

但為什麼我不想回去呢？因為我覺得自己還撐得下去，儘管我也不年輕了，但至少心態是年輕的，我還想認真地奮鬥一把，我還想仗劍走天涯，去外面看一看。

家鄉是一個溫暖的巢穴，隨時可以飛回去，但對於外面的世界，一旦你的鬥志被磨滅了，就再也沒有機會探尋了。年輕的時候不怕失去，也無所謂失去，你要有「上九天攬月，下五洋捉鱉」的勇氣，在父母的庇護下吃窩邊草多沒意思。

要是有一天，你真的累了、倦了、飛不動了，再離開也未嘗不可。

繁華閱盡，風雲覽遍，即使沒有成功，也是值得的。但如果你根本沒有飛出去過，豈不是留下了一生遺憾？

停止過度準備，請行動

「有沒有發現我好幾天沒抽菸了？」走在路上，黃生突然問我。

「哦？好像是（其實我沒怎麼注意），不過……你這菸戒得太乾脆了吧？！」

「是啊！」話匣子一打開，黃生立刻眉飛色舞，「我現在發現，無論做什麼事，千萬別計劃，你計劃來計劃去，最後什麼也做不成。」

「想到即做？」

「沒錯，想到即做！」

黃生是我同事，是一位產品經理，平時工作壓力大，時不時就得點根菸，看得出來，他的菸癮不小。

我雖然不抽菸，但我對戒煙的難度還是有一定認知的。畢竟，我爸曾經就是一個有著二十年菸齡的骨灰級菸民。當年我爸戒菸，那是戒了又抽，抽了又戒，三番五次、千迴百轉，才算徹底斷了菸癮。

這小子倒好，突然說不抽就不抽，雷厲風行，這魄力我服。

◊◊◊

上學時我有一位同學，是個標準宅男。

因為長期不分晝夜地打遊戲，把身體拖垮了。某天從醫院體檢回來，他心虛了，發誓從此要好好鍛鍊身體。

他知道我喜歡打籃球，想和我一起。

「魏漸，以後我跟你一起去打球吧。」

「好啊！」

「那你明天早上出門的時候一定要叫上我啊！」

「好的，沒問題！」

如此煞有介事，我以為他真當回事了。結果，第二天我去敲他宿舍的門，半天沒人應，嗓子喊破才把他叫醒，他卻說稍後到。

一個稍後就是兩三個鐘頭，等我打完球回去，他還沒起床！

此後，他又三番五次要我叫他，每次都跟我說「這次一定要去」，但每次都不出意外地起不來。

其中有一次，前一天晚上他本來是要去打遊戲的，正要出門時突然改變了主意。「不行，我今天要早睡，明早一定跟你一起打球……這次我一定要去了，不去不是人！」他對我說。

然而，第二天我去叫他，他依然是老樣子。

以後我就懶得叫他了，反正也沒用。直到畢業，他也沒和我打過一次球。

◇◇◇

幾個月前，有個微信好友想開公眾號，問我怎麼經營。老實說，他的很多問題是可以直接百度的，但我還是耐著性子花了一個多小時為他解答。

前幾天，看見他在微信朋友圈轉了一篇〈如何打造百萬大號〉的文章，有點被嚇到了，忍不住「關心」了一下：

「你的公眾號叫什麼，名片推我關注一下？」

「還沒註冊呢。」

「這……都過了多久了？！」

「嗯，最近比較忙，過些日子弄好我再推你。」

我一時語塞，隔了一會兒，他又發了一則語音給我：「我覺得你的文章還是太嫩，文字垃圾的即視感。」

「我……」這回馬槍殺得我措手不及。

遲疑了三秒鐘，我一五一十地回應他：「嗯，沒錯，是存在這個問題。不過，我也不能等到登峰造極再來寫啊……我知道我寫得不好，但我現在想寫，所以就先寫嘍，就當是寫作訓練，我相信一定會越寫越好的。」

一件事做得不好，就不做了，要真是這樣，天下事那麼多，我能做好的有多少？如果做不好就繞道，恐怕一輩子也做不成幾件事，恕我無法接受。

◇◇◇

凡是我想做的事，我就非得去試一下，而通常我想做的事，一旦建立起興趣來，往往也不會做得太差。

以寫作這件事為例，我為什麼能堅持到現在，主要是因為我很早就對寫作產生了興趣，我一次又一次地從寫作中獲得了快感，每完成一篇文章都讓我感到興奮。所以，對別人而言，花兩三個小時寫文章很難熬，對我而言卻很享受。

寫得不好，我何嘗不知道呢？正因為寫得不好，所以我才一直寫啊，如果我現在就寫得很好，還有持續練習的必要嗎？

這兩年，形形色色的寫作者我見得多了，有的人一句話都寫不通，也敢自稱寫作高手，你說像我這種不入流的十八線「野生作者」，還有必要在乎別人的說三道四嗎？

◇◇◇

這個世界從不缺抓乖弄俏的聰明人——自己不行動，還忍不住干擾別人的行動。我等這般不夠聰明的人，只能腳踏實地、心無旁騖地去做自己認為對的事情了。

然而，說起來容易，做起來難。因為這不僅需要想到即做的魄力，還需要持之以恆的毅力，更需要披荊斬棘的耐力。「想到即做」僅僅是一個開頭而已，煎熬在後頭，誘惑在後頭。

不過，萬事起頭難。很多時候，我們就缺起頭這一點「想到即做」的魄力：減肥要定計畫、看書要定計畫、學習要定計畫，甚至飯後散個步也要定計畫……計劃來計劃去，最初的動力都消耗完了。要知道，在時間面前，絕大多數美好的計畫，都抵擋不住拖延與懈怠的雙重夾擊。

事實上，在大多數情況下，一件事能不能做成，不在於它困難與否，只在於你的決心夠不夠。你一開始就認定必須完成，中途出現的很多問題就能想到辦法去解決；而你一開始就默認「可做可不做」，那多半是完成不了的。

人性是懶惰的，時間滋生惰性。心中有夢的人，注定終其一生都要與自己的惰性對抗。

所以，如果你認定要做一件事，先別管它有多難，也別管能不能做成，更不要管別人會怎麼看，只要立刻去做就可以了！

不會沒關係，一點一點地學，一點一點地摸索。只要你確定自己對這件事感興趣，只要你智商不是負數，多動一下腦筋，總能摸到一點門道。即使最後沒有做成，又有什麼關係呢？做自己感興趣的事，本身就是一種享受。

但如果，你都不敢開始，何來出類拔萃？我的態度是：越是做不好，越要去找虐。興趣虐我千百遍，我待興趣如初戀。你與卓越之間，就差一個「想到即做」，這個詞的深層含義是：只要你想，立刻去做；循序漸進，終有所成。

看透：普通和優秀的差距，在於應對方式不同

某天聚餐，朋友突然提出一個頗為刁鑽的問題：「假設你現在已經結婚了，有一天因公獨自去國外，途中遇到一位異性，比你的另一半年輕、帥氣（漂亮），且有更多的共同語言，此時他（她）追求你，你會接受嗎？」

問題一出，大家面面相覷，忍不住笑出了聲。

A：「如果真如你所言，我想我會。講真的，人性可以檢驗，但它經不起考驗。」

B：「不會，我已經有了家庭，受不了濫情的人。」

C：「好糾結，如果是我，要是和老公平時關係就不好的話，可能會……，遇到了才知道。」

……

「魏漸，你怎麼看？」見我遲遲不說話，朋友把視線轉移到我身上。

於是，我講了個故事：「從前，山裡有座廟，廟裡有一老一小兩個和尚。小和尚初來乍到，老和尚想指點指點他。一天，老和尚把小和尚帶到一片竹林，要他順著竹林中的小路一直走到盡頭，把最大的一顆竹子砍回來。小和尚走啊走，看到一棵覺得大，再往前走，又看到一棵，似乎更大……就這樣，小和尚總想著後面還有更大的，幾次駐足卻遲遲沒有下刀。眼看就要走到竹林的盡頭了，為了交差，小和尚只能草草砍下一棵還不錯的竹子，而那棵最大的竹子早就錯過了。」

故事講完，我清了清嗓子，說：「找對象，就像找那棵最大的竹子一樣，你可能永遠也不知道最大的是哪一棵，當你選擇了一棵竹子，就意味著必須放棄其他的選擇，沒有後悔的餘地。如果你都不確定跟你結婚的那個人是不是你心目中那棵最大的『竹子』，你為什麼要和他（她）結婚呢？你既然已經選擇了跟他（她）結婚，為什麼還要對別的『竹子』念念不忘呢？」

美國詩人羅伯特・佛洛斯特在詩中寫道：「林中有兩條路，你永遠只能走一條，懷念著另一條。」人生的路，何嘗不是這樣？更好的選擇永遠存在，但是你總不能吃著碗裡的瞧著鍋裡的，你必須找到一個可以視為依歸的落腳點，它不一定是最好的，卻是最適合你的；它不一定能讓你感到激情澎湃，卻能讓你心安。

前段時間，一家知名金融公司向朋友晨發出了職位邀請，對方開出一萬三千元的月薪，欲挖她過去做新媒體營運。晨說當時她確實蠻心動的，畢竟，薪水比現在高出不少。

很巧的是，當時她的工作正好遇到了瓶頸，擺在晨面前的機會夠誘人：大公司、更高的薪水、頗具前景的行業……與常人心裡對好工作的定義十分吻合，但她很糾結。

一個月內，對方的專案負責人三次約晨面談，每一次她都勉強壓制著內心的躁動，到第四次的時候，晨實在忍不住了，決定去會一會。

他們在一家古色古香的咖啡廳見了面，稍事寒暄之後便進入了正題，溝通很愉快。剛聊完工作，一位美女人事經理飄然而至，單刀直入要談薪資，這是晨萬萬沒想到的，「這……我……我今天過來呢，只是想先了解一下工作的情況，談薪資這件事先緩緩吧，還沒那麼快……」，晨吞吞吐吐地回應。

但老實說，晨還是被對方的誠意打動了，答應他們最近的一個週六去面試。週六一早，晨意氣風發地去了，先是跟首席營運長聊，之後和人事經理聊。這一次他們正式地聊了薪資待遇，晨提出的要求，對方基本上都能滿足，很快就發了錄取通知給她。

那一瞬間，晨信誓旦旦地認為自己可以痛下決心跳槽了，但到了晚上，我的一番話讓她產生了動搖：「如果並非換行業，依然是同類公司、同職位的工作的話，不建議你換。我們公司前段時間一個離職的經理又回來了——出去之後，才發現還是原公司好，不管薪資待遇、工作氛圍，抑或是老闆的器重程度。」

作為知根知底的朋友，我對她跳槽的做法頗有微詞：「你現在的工作真不算差了，待遇還可以，老闆也蠻好的，工作之餘還能搞搞自己的愛好。儘管目前遇到了一些問題，但這些問題也不是換工作能解決的，你想想是不是？」

第二天一早，晨發了一則訊息給對方，於萬分歉意中拒絕了這個機會。

其實，卓越的人才無論在哪裡都能過得風生水起；而平庸的「廢柴」，只要遇到一點困難就滿世界亂竄——再換一百份工作又能怎麼樣呢？

更好的機會永遠存在，別總以「機會」為藉口逃避現實。在人生中，有一些路是必經之路，哪怕現在僥倖逃開了，將來說不定還得重走。

一位前輩曾對我說：「人生有三大遺憾：不會選擇、不堅持選擇、不斷地選擇。」

情竇初開時談戀愛，一心只想要顏值高的，好不容易找到一個顏值高的，卻嫌棄他才華不夠；後來找了個有才的，又受不了他不會哄人；終於找到一個會哄人的，卻發現他是個花花公子……

這就像初入職場時找工作，一心只想要薪資高的，好不容易找到一個薪資高的，嫌棄太常加班；後來找了個清閒的，又受不了老闆的苛刻；終於找到一個好老闆，卻發現這個公司是間空頭公司……

結果，感情轉山轉水，還是孑然一身；工作換來換去，依然囊中羞澀。

晨曾拿我尋開心說：「你為什麼二十七歲了還沒有女朋友？是不是喜歡男的啊？」我吞了吞口水，答：「年紀很重要嗎？我不著急。有些事，一輩子做成一件就夠了，比如結婚。」

人生行至二十七歲，不算短，亦不算長。在我看來，談戀愛不是買衣服，一個季節一個新款，茫茫人海獨尋一人，為什麼不多走走看看呢？我只想談一次以結婚為目的的戀愛。

前些天，有位年輕讀者向我求助，三年轉型十四次的他，已經完全不知道自己接下來該做什麼了。他抱怨了一大堆，大意是：過去做過的每一份工作都不喜歡，也沒有一份能做出成績的工作。

我問他：「你有考慮學點什麼技能嗎？」他說：「我都快三十歲了，學不進什麼東西了。」細問方才得知，原來他所謂的「轉型」，其實是從工廠作業員到賣保險，從賣保險到做微商，中間還有一段時間在大街上貼小廣告。如今他在某建築工地當保全已經有小半年了，這算是他近三年來做得最久的一份工作。

當時我就在想：倘若此君能在一份工作上專心做三年，如今會不會有所不同呢？再者，年紀輕輕就說自己學不進任何東西了，這是什麼心態？我表示難以理解。

一個從心裡放棄了自己的人，旁人又能有什麼辦法呢？手握選擇的時候，不知道自由的珍貴；失去選擇的時候，又無法承受現實的殘酷——人生的墜落由此開始。

◇◇◇

常聽人感嘆：如果可以重來一次，我一定從小就勤奮讀書；如果可以重來一次，我一定畢業就努力工作；如果可以重來一次，我一定和他（她）好好過日子；如果可以重來一次，我一定……

人生哪有那麼多如果？更何況，很多事情你永遠也不可能做第二次，你只能一次做好、一步到位，因為過了這村就沒這店。而為了抓住那些絕無僅有的機會，你只能預先做好充分的準備。

上高中時偶然瞥見宋慶齡女士的一句話，對我影響很大，她說：「**不管你預備走哪一條路，最重要的是先要為自己做好準備。你不能赤手空拳地開始你的行程，你必須用知識把自己武裝起來，你必須鍛鍊出健全的身體和足夠的勇氣。**」剛剛開啟職場之旅的人們可引以為戒。

趁年輕，你還有時間打磨自己；趁年輕，你還有精力謀求改變；趁年輕，千萬別輕易放棄與命運周旋。選擇前謹慎，選擇時堅定，選擇後義無反顧，這才是一個成熟的年輕人面對人生的優雅姿態。

無論是愛情，還是事業，希望我們都能以唯一一次的心態去對待：因為絕無僅有，所以視若珍寶；因為不可重來，所以竭盡全力。

為什麼存在一些那麼在乎幾塊錢的人

我曾偶然看到一個故事，講的是一位十八歲的女孩考上了省外的重點大學，爸爸、媽媽不遠千里送她去報到。

她的爸爸是小縣城裡的黑車司機，媽媽在工廠打工，平時家裡經營著一個小旅館，生意還不錯，因而她覺得自己家庭條件並不算差。但從小到大，她的父母經常對她嘮叨一句話：「咱家很窮。」

出發之前，女孩在網路上訂了特價旅館，位置似乎比較偏僻，三人照著地圖走了很久也沒找著，問了好幾個人，也都說不知道在哪裡。

女孩提議叫車，她在滴滴上搜了一下，也就是幾塊錢。可是，她的爸爸、媽媽偏不同意。

一家三口提著沉重的行李繼續往前走，越走越暴躁，越走越生氣，最後父女二人為此大吵了一架。

女孩想不通：我們家的日子也還過得去，為什麼父母總是說「家裡很窮」呢？

後來，她在網路上發了這個帖子：為什麼存在一些那麼在乎幾塊錢的人？

◇◇◇

八月的某天，颱風襲擊了深圳，整個上午大雨傾盆。午飯時間，同事們紛紛叫了外送。

但是，因為暴雨的緣故，外送遲遲沒有送達。

情況特殊嘛，大家也不著急，一群人聚在一起閒聊，反而擔心起外送員的安全。

「颱風天還要外送，這是『用生命在上班』啊！」一位同事感嘆道。

下午一點半左右，我終於接到了送餐電話，信步走到公司門口，外賣小哥正匆忙衝出電梯：「魏先生，對不起，耽誤您用餐了！」

「沒事，沒事！」我連忙應答。

原以為他會把責任歸因於颱風，完全沒料到他會這麼說。就是平時偶爾被延誤，我也不會說什麼，更何況今天情況特殊呢！

定睛一看，他的衣服已經全濕了，膝蓋破了一個口，鮮血滲紅了褲子。「路上摔了一跤，沒事！」小哥笑著丟下這句話，轉身衝進了電梯。

回到座位上，我一邊吃飯一邊回味那句話：「對不起，耽誤您用餐了！」也不知道為什麼，忽然泛起一陣心酸。

原來有的人在用生命上班，只是為了客戶能夠吃上一頓熱騰騰的飯。

你說，為什麼存在一些那麼在乎幾塊錢的人？因為，他們的錢是用生命換來的。

◇◇◇

又有一次，我網購了幾本書，逾期三天了，卻不知所蹤。

查訂單資訊，顯示已簽收；打電話去營業據點問，老闆說已經送出去了，但我根本沒收到東西啊。

一怒之下，我直接向官方客服投訴。很快地，客服就打來詢問情況。我一五一十地說了。

下午，我接到一通電話，一看就知道是營業據點打來的，老闆娘連聲道歉，承諾立刻幫我查找，晚上我就拿到了包裹。

第二天，老闆娘再次打電話給我：「魏先生，實在對不起，我們已經收到總部的處罰警告了，要是追究下來，我們的快遞員會被扣幾百塊錢，一個月就白忙了，您能不能幫我證明一下快遞收到了呢？」

我二話不說，當即同意。

雖然快遞弄丟了，但解決問題確實很快，我已經很滿意了。更何況，快遞員賺錢確實不容易啊！

「我這邊寫一個證明，您看什麼時候方便，我讓快遞員送過去，您簽個字就好了。」老闆娘懇切地說。

「不用這麼麻煩吧，你微信發給我，截圖證明我同意就行了。」

到此，這件事算是圓滿解決。雖然平添了一些麻煩，但我還是選擇了默默配合。人生已經如此艱難，何苦為難靠血汗錢養家活口的人呢？

你說為什麼存在一些那麼在乎幾塊錢的人？因為，他們的錢是用汗水換來的。

◇◇◇

早上看到一則新聞：湖北某地，六十八歲菜農何婆婆在菜市場賣菜時，連續三天共收到三百元假幣。當在用錢時被他人告知是假幣後，何婆婆感覺天塌了一般，癱坐在路邊淚流不止……

這樣的場景好熟悉。在農村，像何婆婆這樣的老人不計其數，六七十歲依然要下田勞動，勞苦一生竟然老無所依，生活沒有任何保障，一切只能靠自己。要是碰上不孝順的子女，晚年生活更是慘不忍睹。

我聽說一位村裡的奶奶，育有八九個子女，卻沒一個願意贍養她。如今八十多歲了，只能東家蹭一頓，西家給一口，平日裡就在馬路邊撿塑膠瓶，以此換點零用錢。

在大城市生活慣了的人，可能覺得難以想像，但事實就是如此，而且比這種情況淒慘的還有很多。

幾塊錢對你來說，可能只是一頓早餐，可吃可不吃，但對有些人來說，那是一天甚至幾天的飯錢。

你說為什麼存在一些那麼在乎幾塊錢的人？因為，他們的錢是用血淚換來的。

◇◇◇

近兩年，網路上時常有人炒作：快遞員月入一萬、保姆月入兩萬、煎餅大媽月入三萬……令一票受過高等教育的本碩博[13]職場白領懷疑人生。

但你是否考慮過一個事實：在同等收入的情況下，體力勞動者比腦力勞動者付出的艱辛要多得多。

舉個最簡單的例子：同樣是月薪一萬，身為白領的你可以坐在辦公室吹著空調、哼著歌處理工作，而藍領兄弟卻不得不頂著炎炎烈日，光著臂膀在塵土飛揚的工地上揮汗如雨。這能一樣嗎？

為什麼存在一些那麼在乎幾塊錢的人？不是因為他們小氣，而是因為賺錢對他們來說實在太艱難了。快遞員送一個包裹抽成七八角錢，菜農賣一斤蔬菜利潤四五角錢……試想一下，對他們而言，月入一萬意味著什麼？

可悲的是，不少父母拚死拚活供自己的孩子上大學，卻只落得子女的一腔怨怒和

13 本科生（大學生）、碩士生、博士生。

不解。

在我媽上學的那個年代，因為家裡付不出一學期一塊五的學費，原本成績名列前茅的她，只得中斷學業回家務農。你看，幾塊錢就足以改變一個人的命運。

成年以後，我就更加理解母親對幾塊錢的在乎了。我們那裡剛有公車的時候，從鎮上到鄉下的車費只要兩元，我媽常常為了省兩塊錢，選擇步行三四公里的路。

然而，對於她的子女，媽媽一點也不吝嗇。因為從小到大，我和弟弟從沒因為錢的緣故受過什麼委屈，她只是對自己苛刻罷了。

◇◇◇

赤手空拳來到人間，每個人都有自己的活法，我們沒有權利指責任何人。你的父母把你養大成人，已經盡到了最大的責任；你的朋友不依靠你生活，你只需要多給他們一點關心。

甚至是路人，他們過著力所能及的生活，誰也沒有權利再為難他們。

你不想要某種人生，那就去追尋你嚮往的人生；你不想過某種生活，那就去創造

你理想的生活。

只是，千萬不要抱怨，更犯不著歧視別人，因為他們真的已經很努力了。

能力遷移，實現指數級成長的利器

九月的某天，我突然收到胡椒的微信，他說他出了本書，要寄一本給我。我與高采烈地發了自己的地址過去，三天過後，果然收到一本裝幀精美的花藝書。

胡椒是我的朋友，我們是在一次採訪中相識的。彼時，我還是某公司的一名小文案，因為工作需要，常常要採訪一些圈內的創業者。他是我數十位採訪對象中的一位。

那時正值五月，烈日炎炎、熱風陣陣，我們在南山的一家書吧見了面。書吧的環境很清新，三面書架環繞著一條長長的木桌，窗邊擺放著一些漂亮的花束，令人心曠神怡。

他胖胖高高，臉圓圓的，鼻梁上架著個黑框眼鏡。一看就是典型的文藝青年。

我們一坐下就打開了話匣子，聊得很投緣。原本一個小時左右的採訪，我們卻聊了整整三個小時。末了，還一起吃了頓飯。

那段時間，胡椒正在為自己的創業專案找融資，在這之前，他已經被十幾位投資人拒絕了，但他不肯輕易放棄。

他鄭重其事地對我說：「我不怕被拒絕，這麼多年來我已經被拒絕過無數次了。每一次被拒絕，我都會反思自己哪裡需要改進，所以，每次被人拒絕都讓我獲得了成長。對方拒絕了我，我就改進之後再去接洽，一次不成兩次，兩次不成三次，我的很多客戶都是這麼談下來的。」

那一年，我已經採訪過圈內的很多人了，平時接觸的人物形形色色，但翻來覆去都是那些套路，鮮有令人眼前一亮的。胡椒這番話令我深受觸動。

回去之後，我為此特地發了一則微信朋友圈：「被拒絕一萬次，那就努力一萬零一次。」

算是勉勵他，也算是自勉。

◇◇◇

胡椒比我大八歲，我們相識的時候他已經創業好幾年了。

曾經他的夢想是想成為一名作家，所以終日寫稿給省內一家電臺，並樂此不疲。大學時，他寫了一部十五萬字的小說，投過稿給國內八九十家出版社，結果全部石沉大海。

胡椒的作家夢就此徹底告吹。

畢業之後，按既定方向，胡椒本應成為一名醫生，因為他學的是中醫。但胡椒卻選擇了北漂，去了北京一家花店做學徒。

沒想到，這一次誤打誤撞的入行，卻讓他愛上了這個行業。

為了成為一名出色的花藝師，胡椒拜訪了很多花藝界的名師，隨後又自費去新加坡等多個國家學習。六七年的學習和實踐終究沒有白費，胡椒成了省內小有名氣的獨立花藝設計師。

在一次花藝活動上，胡椒結識了一位出版界的編輯朋友，這位伯樂看中了他在花藝和文字上的雙重功底。不久之後，處女作順利面世。

你看，夢想迂迴了一圈，終究變成了現實。

其實，這些年胡椒並沒有放棄自己鍾愛的寫作。在做花之餘，他還開通了自己的微信公眾號，已經默默地堅持兩三年了。

他只是換了種方式去追逐自己的夢想。看起來走了更多的彎路，卻也收穫了更美的風景，想當初，誰能料到這是通向夢想的一條路徑呢？而且，或許也是最貼近生活的一條。

人生不是單行道，你執意要走的那條路，也不一定最適合你。如果你撞破頭顱，依然找不到出口，那麼不妨換個姿勢——或許，真的可以看到光。

後記：人生是一場時間的旅行

十幾年前，當我還是一名國中生的時候，我的願望就是出一本書，我為它取了一個頗有詩意的名字，叫《夜把星星丟了》。那時，我還是一個鬱鬱寡歡的少年，熱衷於用日記來吐露自己的心聲。

國三那年，我在作文大賽上一舉斬獲全國三等獎、省級一等獎的好成績，成為全校唯一獲此殊榮的學生，這大大地助長了我寫作的自信。更令我得意的是，三年來我寫了厚厚一大疊日記，每次去翻它們的時候，都被自己感動得一塌糊塗。可惜後來搬家全弄丟了，唯一留下的是對寫作的滿腔熱情。

後來，我迷上了現代詩。高考一結束，我就跑到新華書店，花了八十幾塊買下了那本覬覦已久的《海子詩全集》。於是，整個暑假都是海子的詩伴我度過。

那時的我，覺得自己不僅可以成為作家，還可以成為一名詩人。

大一的時候，我開始在一家原創文學網站發表詩作和詩評。我的作品時常被站方設為精選推薦，還獲得了好幾次月度評獎。雖然獎品只是一些泛黃的舊書，但每次入圍都比有人請我吃大餐還開心。

差不多同期，我開始向各類詩歌雜誌投稿。我把自認寫得不錯的詩挑選出來，用信紙工工整整地抄寫了十幾份，同時寄給全國各地的知名詩刊社，結果全部石沉大海。

我還是不死心，妄想自費印一本詩集，但聯繫了幾個自費出書的機構後，我便打消了這個念頭，因為我根本承擔不起高昂的出版費用。

想來想去，我認定自己尚欠火候，也就不做出書的美夢了，但這並未影響我對寫作的熱情。

畢業後，我先回老家昆明，後又輾轉到北京，最終來到深圳並停留下來。有那麼兩年我幾乎隻字未寫，反倒在疲於奔命中遇到了形形色色的人，也見識了各式各樣的人生。

後來，我的世界被更恢宏的衝擊波撞開了。二〇一五年年底，我正式開始做自己的微信公眾號，幾個月後，我的一篇原創文章〈永遠不要打探別人的工資〉意外走紅，一時間被數千個公眾號轉載，其中包括「人民日報」、「十點讀書」、「有書」、「思想聚焦」等超級大公眾號，當時我就震驚了。

其後一年，又陸續有數篇文章爆紅，找我要授權的大號越來越多；「智聯招聘」、「領英」、「拉勾網」等平臺均先後邀請我做專欄作者。此外，還有一些做知識付費的公司邀請我去開課，無奈分身乏術，我都一一婉拒了。

二〇一七年四月，一家大型出版社主編找到我，探討出書事宜，但當時我覺得時機還不夠成熟，遂擱置。八月，北京一家圖書公司的企劃編輯找到我，令我感動的是，對方竟連書的目錄都整理了出來，談了好幾次，我才下定決心簽合約。

美國著名喜劇演員史提夫．馬丁曾說過一句話：「藝人們總關心如何找到經紀人，如何寫出劇本，而我總說『要讓自己優秀到不能被忽視』。」在我的成長歷程中，我也是這樣為自己打氣的：「你要努力，優秀到別人無法忽視。」如今，既然這麼多人都看好我，我還有什麼理由遲疑呢？那就豁出去吧！

有位讀者曾對我說：「你的文章很耐讀，一點也不『雞湯』，我讀了好多遍，每一遍都能讀出新的味道。」我聽了非常高興。

事實上，我一直在努力還原真實，我寫的大多數文章也都是真人真事，我的人生哲學就是：做真實的人，過真實的生活。

還有一位讀者對我說：「我在微信朋友圈看到你的文章很好就關注了，你更新的每一篇文章我都會看，我還把你的公眾號名片推薦給了弟弟、妹妹、表哥、表姊，現在我們一家人都是你的粉絲。」我聽後大喜過望。

在此鄭重地對所有支持我的讀者朋友們說一聲：「謝謝！」

當你乾等之時，夢想離你是那麼遙遠；當你付諸行動後，它已悄悄向你走來，很多時候都是這樣。只要你把事情做好了，一切都會跟著變好。

人生中第一本書傾注了我許多心血，為了完成這些文章，我有時熬夜到半夜一兩點；為了整理書稿，我從早到晚都待在星巴克。不過，我堅信這一切都是值得的！

時光荏苒，一晃已近而立之年。作為最早的一批90後，我已經在職場打滾多年。一路走來並不平坦，卻收穫了滿滿的經驗和感悟，很高興有機會與諸位一起分享。

最後，我想把阿多尼斯的《我的孤獨是一座花園》裡的幾句詩送給你們：

世界讓我遍體鱗傷
但傷口長出的卻是翅膀
向我襲來的黑暗
讓我更加閃亮

高寶書版集團
gobooks.com.tw

新視野 New Window 221
20 歲，才開始：你要不斷進化，然後驚豔所有人

作　　者　魏　漸
責任編輯　林子鈺
封面設計　黃馨儀
內頁設計　賴姵均
企　　畫　何嘉雯

發 行 人　朱凱蕾
出　　版　英屬維京群島商高寶國際有限公司台灣分公司
　　　　　Global Group Holdings, Ltd.
地　　址　台北市內湖區洲子街 88 號 3 樓
網　　址　gobooks.com.tw
電　　話　(02) 27992788
電　　郵　readers@gobooks.com.tw（讀者服務部）
　　　　　pr@gobooks.com.tw（公關諮詢部）
傳　　真　出版部　(02) 27990909　行銷部 (02) 27993088
郵政劃撥　19394552
戶　　名　英屬維京群島商高寶國際有限公司台灣分公司
發　　行　英屬維京群島商高寶國際有限公司台灣分公司
初版日期　2021 年 3 月

內在進化：你要悄悄拔尖然後驚豔所有人
本書由文通天下授權繁體字版之出版發行

國家圖書館出版品預行編目（CIP）資料

20 歲，才開始：你要不斷進化，然後驚豔所有人 / 魏漸著 .-- 初版 . -- 臺北市：英屬維京群島商高寶國際有限公司臺灣分公司 , 2021.03

面；　公分 . -- (新視野 221)

ISBN 978-986-506-032-9 (平裝)

1. 職場成功法　2. 自我實現

494.35　　110002473

本作品中文繁體版通過文化部核准
文化部部版臺陸字第 109051 號。

GOBOOKS
& SITAK
GROUP ©